kosmos

Klaus Peter Creamer/Johannes-Christian Rost

W0460892

# Das Kosmos-Buch der DINOSAURIER

Franckh-Kosmos

Wissenschaftliche Fachberatung: Dr. Rupert Wild, Staatliches Museum für Naturkunde, Stuttgart.

Umschlaggestaltung: Jürgen Reichert, Stuttgart, unter Verwendung einer Zeichnung von Johannes-Christian Rost.

Mit 36 Farb- und 22 s/w-Illustrationen von Johannes-Christian Rost.
Mit 22 Farb- und 7 s/w-Fotos von: Paul von Baich, Roseneath, Kanada (70/71, 73); Prof. H. K. Erben, Wachtberg-Adendorf (65); Carl Hagenbecks Tierpark, Hamburg (91); Dr. Jens Kulick, Korbach (15 o.), Gerhard Lichter, Biberach/Riss (17 o., 49 o., 63 u., 64 o.); Birgit Lockheimer, Stuttgart (90); Cira Moro/Reinhard Truckenmüller, Stuttgart (88/89); Staatliches Museum für Naturkunde, Stuttgart (50 o., 72, 92); Museum für Naturkunde, Berlin (14 u.); Westfälisches Museum für Naturkunde, Münster (18 o.); Jörg Vaas (83) und Rüdiger Vaas, Bietigheim-Bissingen (11 o., 12/13, 63 o., 82); Winfried Wisniewski, Waltorp (27 o., 59 o., 80); Worsch & Woite, Veranstaltungs- und Kommunikationsservice GmbH, Berlin (11 u.).

Der Verlag dankt Lion Oeding, der uns die Dinosaurier-Tasse zur Verfügung gestellt hat, sowie der Firma Spielwaren Kurz, Stuttgart, die uns freundlicherweise Dinosaurier-Figuren für das Foto auf S. 88/89 überlassen hat.

Die Deutsche Bibliothek – CIP-Einheitsaufnahme

Das **Kosmos-Buch der Dinosaurier** / [Klaus Peter Creamer; Johannes-Christian Rost]. –
Stuttgart: Franckh-Kosmos, 1992
ISBN: 3-440-06298-8
NE: Creamer, Klaus Peter; Rost, Johannes-Christian

© 1992, Franckh-Kosmos Verlags-GmbH & Co., Stuttgart
Alle Rechte vorbehalten
ISBN: 3-440-06298-8
Lektorat: Almuth Sieben
Lektoratsassistenz: Claudia Boß, Birgit Lockheimer
Printed in Germany
Layout: Jürgen Reichert, Stuttgart
Herstellung: Die Herstellung, Stuttgart
Satz: Fotosatz Janß, Pfungstadt
Reproduktion: Colourmatch, Singapur
Druck und Binden: Neue Stalling, Oldenburg

Alle Angaben in diesem Buch sind sorgfältig erwogen und geprüft. Aber unser Wissen über Dinosaurier entwickelt sich mit jeder neuen Entdeckung weiter, und Dinosaurier sind groß und kräftig. Deshalb: Bei eventuellen Begegnungen Ruhe bewahren, und als erstes bestimmen, ob es sich um eine fleisch- oder pflanzenfressende Art handelt. Es empfiehlt sich aber in beiden Fällen, das Tier nicht zu reizen und vorsichtig den Rückzug anzutreten. Der Verlag kann keine Haftung für Schäden übernehmen, die durch falsches Verhalten im Umgang mit Dinosauriern entstehen.

# Inhalt

# Riesig und beliebt

Es ist auffallend still. Kein Vogelgezwitscher. Über den verfaulenden Stümpfen riesiger Bäume tanzen Mücken und Libellen. Im trüben Wasser des Waldmoores versteckt, räkeln sich Krokodile und lauern auf Beute. Am Ufer zwischen Farnbäumen und meterhohen Schachtelhalmen steht ein gigantischer Apatosaurus.

# Ein Überfall

Mit seinem langen, schlangenähnlichen Hals erreicht er die höchsten Wipfel der Zypressen. Gefräßig reißt er Blätter und Zweige ab, frißt Cycadeenfrüchte und Koniferenzapfen. Hunger hat er immer. Kein Wunder bei seiner massigen Statur: Dieser riesige, tonnenschwere Körper will mit Energie versorgt sein.

Wie ein Bulldozer schiebt sich der 30 Tonnen schwere und 20 Meter lange Urgigant durch das feuchte Tiefland. Unter dem Tritt seiner klotzigen Elefantenfüße zerbersten Bäume und knicken Farnsträucher wie Strohhalme.

Gegen Mittag brennt die Sonne heiß und taucht die üppige Vegetation in ein leuchtend grün und braun gefärbtes Licht. Der schwere Apatosaurus hat den Schatten einer Konifere aufgesucht und döst vor sich hin. Plötzlich stören umherstreifende Allosaurier die friedliche Szene. Die großen, auf zwei Hinterbeinen laufenden, fleischfressenden Saurier haben den arglosen Apatosaurier bereits erspäht.

Mit einem schnellen Zwischenspurt, den man diesen mehr als eine Tonne wiegenden Tieren gar nicht zutraut, überraschen sie den friedlichen

**Eine Herde hungriger Allosaurier stürzt sich auf den schlafenden Apatosaurus.**

Schläfer. Ehe sich der Angegriffene mit dem Schlag seines peitschenartigen Schwanzes die gierigen Jäger vom Leib halten kann, haben sie sich mit ihren säbelförmigen Zähnen in seine Flanke verbissen. Nach kurzem Kampf ist das Opfer erledigt. Mit weitgeöffneten Kiefern reißen die drei Allosaurier ganze Batzen Fleisch aus dem Körper des Beutetiers: Der Auftakt einer blutrünstigen Mahlzeit.

Niemand hätte jemals von dem Gemetzel erfahren, wenn nicht, 110 Millionen Jahre später, Fußabdrücke des Kampfgeschehens in Gesteinsplatten gefunden worden wären. Erhalten blieben auch Apatosaurus-Knochen, die deutliche Spuren eingedrungener Allosaurus-Zähne trugen. Kein Mensch hat je einen lebenden Dinosaurier gesehen! Noch vor 150 Jahren war unbekannt, daß Apatosaurier und Allosaurier überhaupt gelebt haben. Erst Fossilienfunde um die Mitte des vergangenen Jahrhunderts, die als Knochen von Dinosauriern richtig bestimmt wurden, lösten einen wahren Dinosaurier-Rausch aus.

# Drachen und Ungeheuer

**Der Drache, ein mythischer Verwandter der Saurier. Er regt schon seit Jahrtausenden die Phantasie der Menschen an.**

Aber bereits Jahrtausende vorher waren saurierähnliche Geschöpfe in Mythen und Märchen aufgetaucht. In vielen Erzählungen und Gedichten bilden Drachen und feuerspeiende Ungeheuer den Mittelpunkt. Gehörnte, gepanzerte und giftspeiende Tierungeheuer, Tatzelwürmer, blutrünstige Schlangen und unsterbliche Lindwürmer spielen eine wichtige Rolle. In der Sagenwelt wird ein gefährlicher Lindwurm von St. Georg besiegt, und ein Drache nach langem, heftigem Kampf von Siegfried, dem Nibelungenheld, getötet.

**Dinosaurier – »Schreckliche Echsen«**

Wissenschaftler benennen alle Pflanzen und Tiere mit Namen, die aus dem Lateinischen oder Griechischen stammen. Dinosaurier setzt sich aus den beiden griechischen Wörtern deinos, d. h. schrecklich, und sauros, der Bezeichnung für Echse, zusammen. Dinosaurier bedeutet übersetzt also »schreckliche Echsen«. Diesen Namen schuf der britische Naturforscher Professor Richard Owen im Jahre 1841. Er war ein bekannter Anatom und erforschte die Wirbeltiere der Vorzeit.

Die lateinische oder griechische Namensgebung hat den Vorteil, daß sie von den Wissenschaftlern der Paläontologie, Biologie und Geologie in allen Ländern der Erde verstanden wird. Wer die korrekten Bezeichnungen der Dinosaurier-Arten kennt, kann sicher sein, daß Jungen und Mädchen in China, Rußland, Frankreich, Amerika, Indien und Australien sie unter dem gleichen Namen kennen.

# Die Entdeckung der Saurier

Dieser Schädel des Tyrannosaurus zeigt ein gewaltiges Gebiß. Kein Wunder, daß die Dinosaurier den Namen »Schreckliche Echsen« erhielten.

Die Ähnlichkeit zwischen den erst im 19. Jahrhundert entdeckten Saurierresten und den alten Fabelwesen ist auffallend. Kein ausgestorbenes Tier beschäftigt seither die Menschen so stark wie die Dinosaurier. Inzwischen weiß man viel über ihr Aussehen, ihr Leben und die Ursachen ihres Aussterbens. Mit jeder neuen Ausgrabung wird auch ein Teil der Geheimnisse, die diese Tiere umgeben, aufgedeckt. Trotzdem sind noch viele Fragen unbeantwortet, und manches, was wir zu wissen glauben, beruht nur auf Vermutungen. Einige frühere Erkenntnisse über Dinosaurier haben sich inzwischen als Irrtümer erwiesen. Und das »plötzliche« Aussterben der Saurier ist immer noch Gegenstand vieler Spekulationen.

Ausstellungen erwecken die Dinosaurier zu neuem Leben. Dieses Tyrannosaurus-Modell stammt von der japanischen Firma Kokoro und zieht mit vielen anderen Dinos durch die Welt. Die Tournee wird vom Naturgeschichtlichen Museum London betreut.

Lange Zeit wurde im Zusammenhang mit dem überraschenden Artentod der Saurier vor rund 65 Millionen Jahren von einer biologischen Fehlentwicklung der Saurier gesprochen. Das ist ebenso falsch wie anmaßend. Kaum eine andere Wirbeltiergruppe der Welt erreichte den Artenreichtum, die Formenvielfalt und die Anpassungsfähigkeit der Dinosaurier. Sie waren mit großer Wahrscheinlichkeit recht intelligente Wesen mit einem ausgeprägten Sozialverhalten. Anderenfalls hätten sie es nie geschafft, 160 Millionen Jahre lang uneingeschränkt die Welt zu beherrschen. Im Vergleich zum Menschen, dessen älteste Vorfahren vor etwa 3 Millionen Jahren auf der Erde erschienen, lebten die Dinosaurier mehr als sechzigmal so lange. Und ob es die Menschen in 140 Millionen Jahren noch gibt, ist ungewiß.

Noch sind nicht alle Geheimnisse des Lebens der Dinosaurier gelüftet. Das, was wir über die Tiere wissen, wird in diesem Buch beschrieben: Wie sie aussahen, wo und wie sie lebten, welche Feinde sie hatten, wie sie sich fortpflanzten und wie sie ihre Jungen aufzogen. Dieses genaue Wissen über die Saurier und ihre Zeit ist das Ergebnis harter und langwieriger Arbeit von Forschern und Wissenschaftlern.

# Spurensuche

Im Jahr 1810 kletterte die elfjährige Mary Anning in den Klippen von Lyme Regis an der südenglischen Küste herum. Sie sammelte Versteinerungen von Tieren und Pflanzen der Urzeit, die sie an Touristen verkaufte. Eines Tages fand sie Teile eines fossilen Tieres, das sie nicht kannte. Bei späteren Untersuchungen stellte sich heraus, daß sie das Skelett eines Meeressauriers gefunden hatte.

# Aufsehenerregende Funde

**Vorhergehende Seiten: Die Dinosaurier-Ausgrabungsstätte Dinosaur National Monument in Utah (USA). Dort wurden Anfang unseres Jahrhunderts einige der bekanntesten Dinosaurier aus der Jurazeit gefunden, z. B. Apatosaurus, Allosaurus und Stegosaurus.**

Auch bei einem zweiten aufsehenerregenden Fund in England spielte der Zufall, wie so häufig bei Entdeckungen und Erfindungen, eine wichtige Rolle. Während der englische Arzt Dr. Gideon Mantell einen Kranken besuchte, ging seine Frau, die ihn dorthin begleitet hatte, spazieren. Dabei entdeckte sie unter einem kleinen Haufen von Straßensteinen eine merkwürdige Versteinerung, die wie ein Zahn aussah. Ihr Mann, der sich auch mit der Erforschung urzeitlicher Lebewesen beschäftigte, fand in einem nahegelegenen Steinbruch weitere versteinerte Knochen. Er hielt den Fund seiner Frau für den Zahn eines großen Leguans und gab dem Tier im Jahr 1825 deshalb den lateinischen Namen Iguanodon, zu deutsch: Zahn des Leguans.

**Von 1909–1913 unternahmen deutsche Wissenschaftler eine Expedition ins heutige Tansania (Ostafrika). Sie gruben 15 neue Dinosaurier-Arten aus, darunter Barosaurus und Brachiosaurus.**

**Ein aufsehenerregender Fund in Deutschland: Bei Korbach (Hessen) wurde 1991 Procynosuchus, ein Vorfahre der Säugetiere, ausgegraben.**

Bereits im Jahr 1802 war der Bauernjunge Pliny Moody aus Massachusetts in den Vereinigten Staaten von Amerika auf Spuren im Sandstein gestoßen, die man für die Fußabdrücke riesiger Vögel hielt. Erst sehr viel später erkannte man, daß es die Spuren von längst ausgestorbenen Dinosauriern waren. Aber nicht nur in Amerika und England fanden sich Überreste von Sauriern. 1910 hatte der Schüler Hermann Weiss in der Nähe von Trossingen in Schwaben einen Dinosaurierknochen gefunden. Er zeigte den fossilen Fund seinem Lehrer, der für sein Interesse an Geologie und Paläontologie bekannt war. Der Knochenfund gelangte an die Königliche Naturaliensammlung in Stuttgart, wo er eindeutig als Dinosaurierknochen bestimmt wurde. Diese Entdeckung löste die ersten wissenschaftlichen Sauriergrabungen in Trossingen aus.

Die Erkenntnis, daß es sich bei den verschiedenen Fundstücken um versteinerte Überreste von Sauriern handelte, führte überall auf der Welt zu einer wahren »Saurierjagd«. Skelette und Knochenteile wurden nicht nur in Deutschland, Amerika und England, sondern auch in Frankreich, Belgien, China, Tansania, Australien und selbst in der Antarktis gefunden.

Spektakuläre Funde gibt es bis heute, zum Beispiel 1963 in einer Tongrube bei Grimmen, nicht weit entfernt von Greifswald in Vorpommern. Hier stießen Arbeiter auf Schädel- und Skelettreste einer Dinosaurierart, die vor rund 185 Millionen Jahren gelebt hatte. Erst 1988 wurde der aus 51 Einzelknochen bestehende Fund genauestens untersucht. Aus Teilen des Schädels, des Unterkiefers, der Wirbel und der Hautknochen-Platten schlossen die Wissenschaftler, daß das Tier gepanzert war, etwa zwei Meter Länge erreichte und auf vier Füßen ging. Es ernährte sich von Pflanzen.

Dies war der erste gepanzerte Dinosaurier aus der frühen Jurazeit, dessen Reste in Deutschland gefunden wurden. Das Tier erhielt den wissenschaftlichen Namen Emausaurus.

1991 wurden erstmals auf der nördlichen Halbkugel, in einem hessischen Kalksteinbruch bei Korbach, die versteinerten Überreste eines rund 270 Millionen Jahre alten Vorfahren der Säugetiere gefunden. Dieser Säugetierahne, genannt Procynosuchus (Hundezahnsaurier) lebte im ausgehenden Erdaltertum, also noch vor der Blütezeit der Dinosaurier.

1. Der Vorgang der Fossilisation: Ein Fluß treibt einen toten Dinosaurier an eine Sandbank.
2. Fleisch und Haut des Tieres verwesen. Bevor sich auch die Knochen auflösen, werden sie von Sand und Schlamm bedeckt. Dadurch bleiben sie erhalten.
3. Später dringen in Wasser gelöste Mineralien in die Löcher und Poren der Knochen ein. Sie füllen die feinen Hohlräume im Innern der Knochen aus.
4. Daher können die Knochen den Wasser-, Sand-, Schlamm- und Gesteinsmassen standhalten, die sich in Jahrmillionen über ihnen auftürmen. Schließlich geben die Verwitterungskräfte die Fossilien frei.

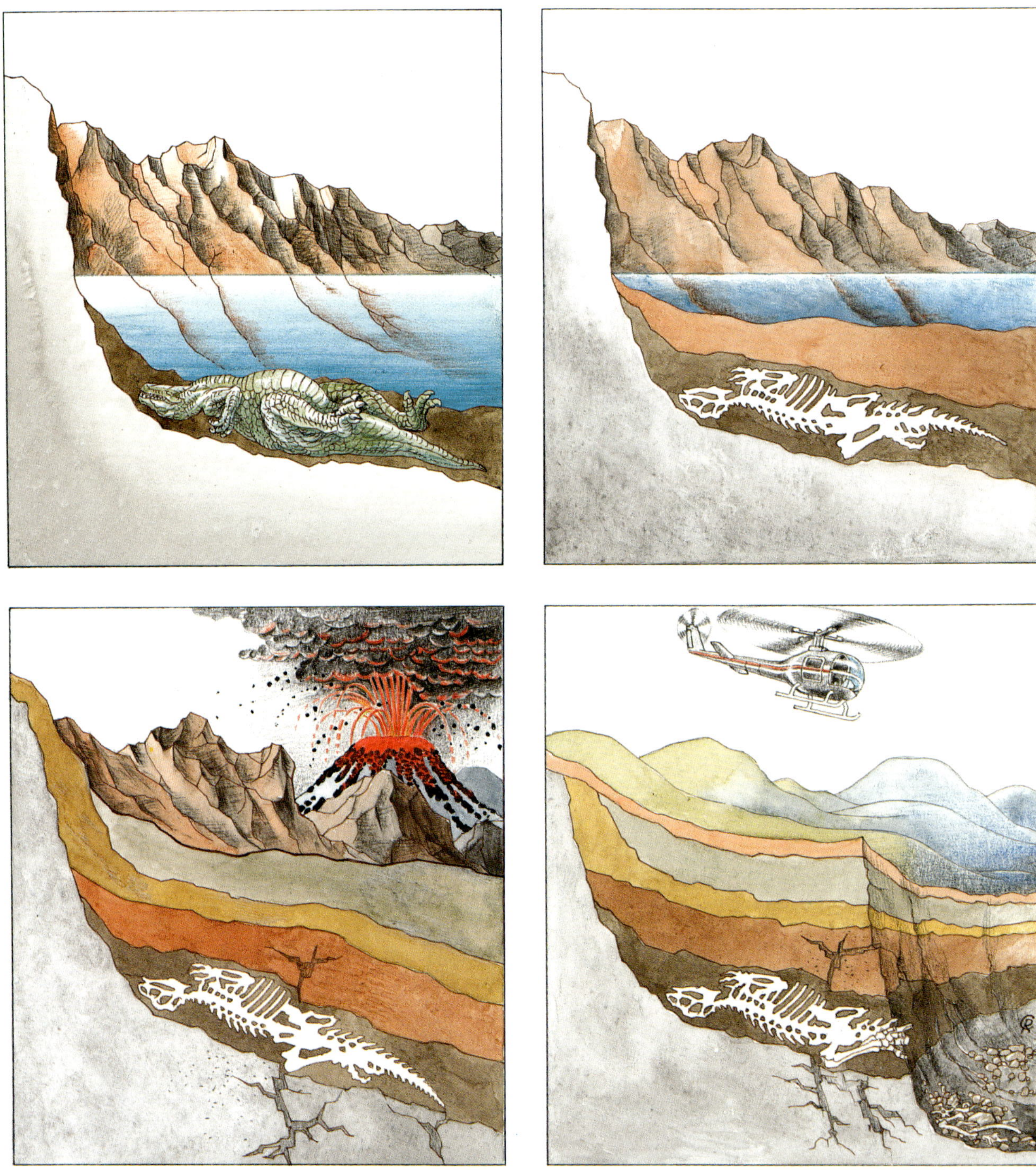

# Fossilien

Dinosaurier-Fährten mit einem Durchmesser bis zu 60 cm. Sie wurden in Jura-Gesteinen bei Barkhausen (Westfalen) gefunden.

Als Fossilien bezeichnet man versteinerte Reste oder Spuren von toten Pflanzen und Lebewesen, die in Ablagerungsgesteinen der Erde erhalten blieben. Das können Abdrücke eines Blattes, einer Fußspur oder sogar ganze Skelette von riesigen Dinosauriern sein. Das Wort »fossil« stammt aus dem Lateinischen und bedeutet »Ausgegrabenes«.

Wenn Tiere sterben, dann verwesen oder verfaulen ihre Weichteile recht schnell. Nach ein, zwei oder drei Jahren sind Haut, Fleisch, Haare und Organe zerfallen. Die widerstandsfähigeren Skeletteile, Knochen und Zähne, werden erst nach längerer Zeit durch Bakterien, Pilze, Würmer und chemische Prozesse aufgelöst oder zu Humus umgewandelt. Damit härtere, und seltener auch weichere, Teile einen Zeitraum von Millionen von Jahren überdauern und zu Fossilien werden, bedarf es einer Reihe von günstigen Umständen. Ein Beispiel hierfür ist der Fund eines Dinosaurier-Skeletts aus Utah in Nordamerika. Die Zeichnungen stellen die Entstehung dieses Fossils dar.

Manchmal wurden die Knochen von toten Tieren auch aufgelöst und hinterließen Hohlformen, zum Beispiel im Wüstensand oder in Gesteinen von Gebirgen. Diese entsprachen der ursprünglichen Knochengestalt. Füllten Mineralien oder Gestein diese Hohlräume aus, dann entstanden Steinkerne. Auch so blieben fossile Saurierknochen erhalten. Viele Funde, wie Knochen, Fußabdrücke, Hautabdrücke, Kot und Eier, lagern in meterdicken Gesteinsschichten. Sie werden freigelegt und kommen ans Tageslicht, wenn Wind und Wetter Gebirgsschichten abgetragen und das Wasser tiefe Schluchten in das Gestein gefräst hat.

**Lebende Fossilien**

Lebende Fossilien sind zwar ein Widerspruch in sich, denn Fossilien leben nicht, aber trotzdem wird der Begriff verwendet. Gemeint sind damit Pflanzen und Tiere, die schon lange ausgestorben sein müßten, aber bis heute überlebt haben.

So galten seit der Kreidezeit die Quastenflosser als ausgestorben, bis Mitte der 30er Jahre bei den Komoren, nördlich von Madagaskar, ein lebender Vertreter, Latimera, gefunden wurde. Ein lebendes Fossil ist auch das Silberfischchen, das sich manchmal zu Hause im Badewannen- und Beckenausguß tummelt. Sehr ähnliche Arten dieser Tiere gibt es bereits seit dem Devon. Und schon die Dinosaurier kannten den Ginkgobaum aus der Trias- und Jurazeit sowie den Magnolienbaum aus der Kreidezeit, einen der ersten Vertreter der echten Blütenpflanzen.

# Fußabdrücke und Kothaufen

**Skelett eines Iguanodon-Babies, das im Westfälischen Museum für Naturkunde in Münster zu sehen ist. Reste dieser Dinosaurier-Art wurden an verschiedenen Orten in Westeuropa gefunden.**

**Fossilien der Zukunft**

Unser Szenario beginnt auf einem Ausflugsdampfer. Aus der Kombüse fliegen in hohem Bogen Kartoffelschalen, eine Plastikflasche, Konservendosen und eine Colaflasche und klatschen ins Wasser. Vom offenen Meer treibt alles an einen Strandtümpel zwischen Felsen, wo schon Muscheln, Tang, Plattwürmer, eine Seegurke und eine Strandschnecke angeschwemmt wurden.

Wir stellen unsere Uhren nun einige zehntausend Jahre vor. Was würde fossil erhalten und gefunden werden können? Eine Chance hätten die Muscheln wegen ihrer harten Schalen, die Strandschnecke wegen ihres Gehäuses und die Colaflasche aus Glas. Unsere Nachkommen werden also weder Plattwürmer, Tang, Konservendose, noch Seegurke und Plastikflasche als Fossilien finden können, denn im Laufe der Jahrtausende hätten sie sich zersetzt und aufgelöst.

Die am häufigsten gefundenen und aussagekräftigsten Fossilien sind Knochen und Zähne, außerdem Skelette, Schädel, Panzer und Hörner. Andere wertvolle Fossilien sind Hohlräume im Gestein, die dort auch nach der Auflösung von Knochen erhalten blieben. Einen solchen spektakulären Fund machten Forscher in einem etwa 200 Millionen Jahre alten Sandsteinbruch in Schottland. Sie fanden im Jahre 1964 ein vollständig als Hohlform im Gestein liegendes Skelett. Es stammte von einem zweibeinigen Urahnen der Dinosaurier, einem Ornithosuchus (Vogelkrokodil).

Fußspuren und Fußabdrücke blieben im weichen Untergrund nur erhalten, wenn der Schlamm, der die Abdrücke ausfüllte, im Laufe langer Zeiträume zu Gestein wurde, bevor Regen, Wind oder fließendes Wasser die Spuren zerstörten. So wurden beispielsweise in einem sechs Kilometer langen Abschnitt des Peace River Canyon in Kanada 1700 Fußabdrücke von Dinosauriern gefunden. Manche der Trittsiegel sind sehr groß. An einigen Stellen sind auch Schleifspuren der Schwänze von Dinosauriern zu sehen.

Auch von den Weichteilen der Dinosaurier gibt es Funde. Zu ihnen gehört der Kot, der versteinert überliefert ist. Fossile Mageninhalte wiederum geben Auskunft darüber, was die Dinos alles fraßen. Versteinerte Hautabdrücke oder Reste von Haut blieben vor allem dort erhalten, wo die Tiere in Trockengebieten starben und mumifiziert wurden. Aber auch auf dem Grund von abgeschlossenen Meeresbecken oder Seen blieben Weichteile von Lebewesen unter Sauerstoffabschluß erhalten. So finden sich in den Schelfmeergebieten, die die Kontinente umsäumen, häufig Dinosaurier-Reste. Hier wurden die Tierkadaver von Flüssen angeschwemmt und sanken in den ausgedehnten Deltaregionen bis auf den Meeresgrund. Aber sogar Eier einiger großer, eierlegender Dinosaurier sind in Nestern fossil erhalten geblieben.

# Kontinente in Bewegung

**1. Im Zeitabschnitt der Trias gab es nur einen riesigen Kontinent, genannt Pangaea. 2. Der Riesenkontinent brach im späten Jura in zwei Teile auseinander: den nördlichen Kontinent Eurasia und das südliche Gondwanaland. 3. Während der Kreidezeit drifteten die Kontinente noch weiter auseinander. Erst seit sieben Millionen Jahren nehmen sie ihre heutige Position auf der Erdkugel ein.**

Seit der Entstehung der Erde vor ungefähr 4,5 Milliarden Jahren veränderten sich Gestalt und Anordnung von Land und Meer ständig. Zwar spielte sich alles nur sehr langsam ab, dennoch sind in Zeitabschnitten von 100 oder 200 Millionen Jahren deutliche Veränderungen zu erkennen: Kontinente brachen auseinander oder stießen zusammen. Meere überfluteten weite Landflächen. Gebirge entstanden, Inseln wurden geboren und Landmassen gingen unter. Vor Jahrmillionen hätte eine Weltkarte anders ausgesehen als heute.

Einer der ersten, der sich mit diesem Gestaltwandel auf der Erde beschäftigte, war der deutsche Naturwissenschaftler Alfred Wegener (1880 bis 1930). Ihm war aufgefallen, daß die Küsten verschiedener Kontinente, zum Beispiel die von Südamerika und Afrika oder die von Nordamerika und Europa, zusammenpassen würden, wenn man sie aneinanderschieben könnte. Er schloß daraus, daß diese Kontinente einmal zusammengehört hatten, und entwickelte die Theorie der »Kontinentalverschiebung«. Der Atlantische Ozean, so seine Überlegung, mußte früher woanders gelegen haben. Die Antarktis würde zur Ostseite von Afrika passen und Australien zur anderen Seite der Antarktis. Wegener entdeckte auch, daß Gebirgsketten, die heute auf getrennten Kontinenten liegen, eine Kette bilden, sobald man die Erdteile zusammenfügt. Ursache für dieses langsame Auseinanderdriften der Kontinente sind die Bewegungen riesiger Platten, auf denen unsere Erdteile und Meere liegen.

Vor etwa 225 Millionen Jahren gab es statt der heutigen 6 Kontinente nur einen Riesenkontinent Pangaea (Gesamterde), wie die Forscher diesen Kontinent nennen. Er reichte von der Nordhälfte bis weit in die Südhälfte der Erdkugel. Keine Wasserbarrieren hinderten die Tiere der Urzeit daran, sich überall auf der Erde auszubreiten. Es war die Zeit, in der sich die ersten Dinosaurier entwickelten. So findet man zum Beispiel in der Triaszeit die gleichen Dinosaurier in Europa und Nordamerika. Im Zeitalter des späten Jura vor 165 bis 144 Millionen Jahren brach der riesige Kontinent Pangaea wieder auseinander. Während der Blütezeit der Dinosaurier gab es die beiden Superkontinente Eurasia (Europa und Asien) auf der nördlichen Hälfte der Erdkugel und Gondwanaland (Südamerika, Afrika, Arabien, Indien, Australien und die Antarktis) auf der südlichen Halbkugel.

In der Kreidezeit, vor etwa 144 bis 65 Millionen Jahren, drifteten die Kontinente voneinander weg. Erst vor etwa 7 Millionen Jahren nahmen die Kontinente dann den Platz auf der Erdkugel ein, den sie auch heute noch haben.

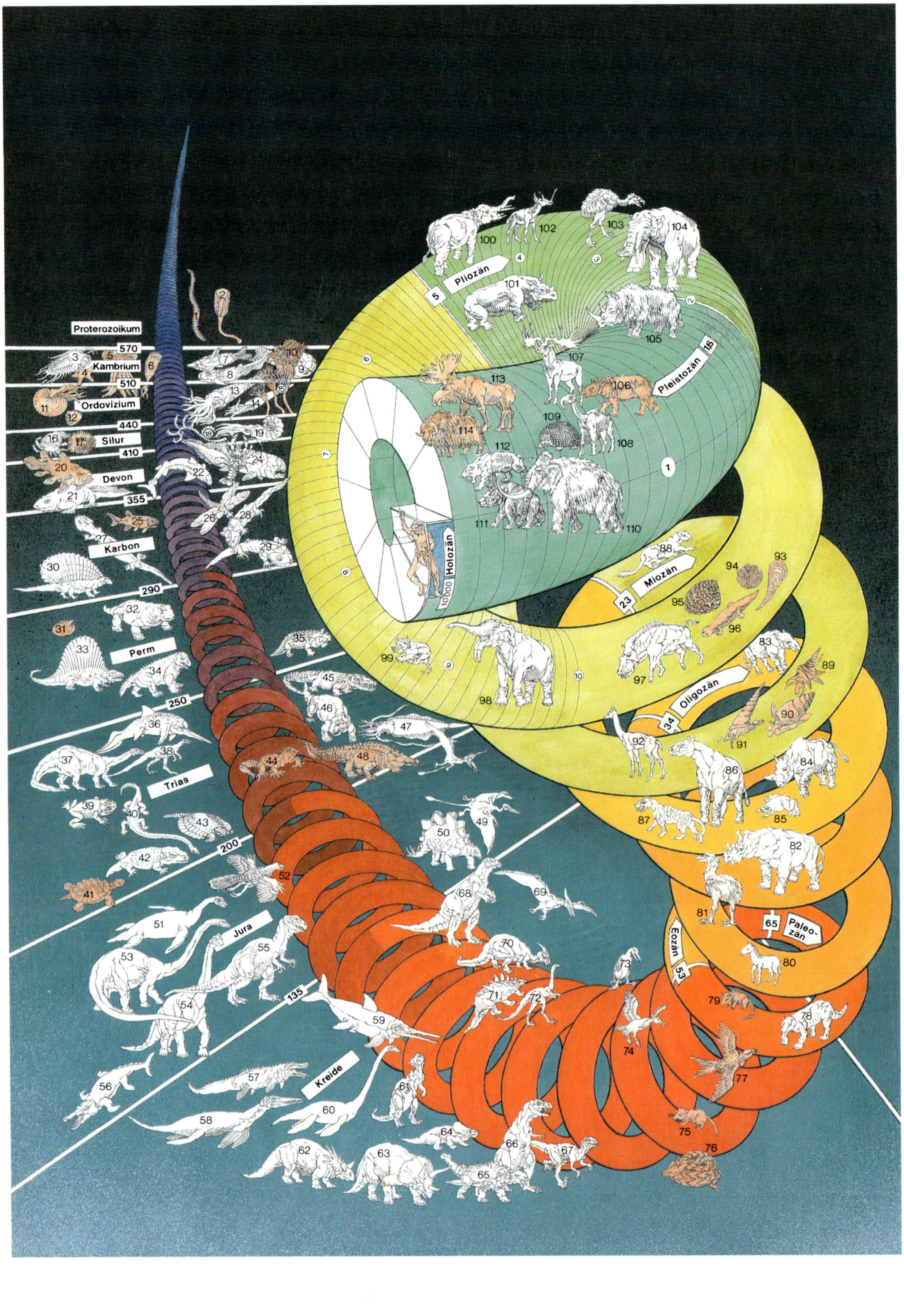
Proterozoikum
570
Kambrium
510
Ordovizium
440
Silur
410
Devon
355
Karbon
290
Perm
250
Trias
200
Jura
135
Kreide
65
Paleo-
zän
53
Eozän
34
Oligozän
23
Miozän
5
Pliozän
1,6
Pleistozän
10000
Holozän

Auf dieser Zeitspirale kann man die Entwicklung des Lebens auf unserer Erde verfolgen. Aus den einfachen Lebensformen der Urzeit entwickelte sich eine unglaubliche Vielfalt von Pflanzen- und Tierarten, darunter auch die Dinosaurier.

Man kann die gewaltigen Zeiträume, in denen sich das Leben entwickelte, an unserer Spirale ablesen: Eine Windung stellt den riesigen Zeitraum von 10 Millionen Jahren dar. Bei der letzten dieser Windungen kommt eine Aufteilung in engere, direkt nebeneinander liegende Spiralwindungen hinzu, die hier für den Zeitraum von 100 000 Jahren stehen. Heute noch lebende Arten oder solche, von denen nächste Verwandte leben, erkennt man an ihrer rosa Farbe. Im folgenden sind die Namen aller abgebildeten Tiere aufgelistet.

**Algonkium**

1 Würmer
2 Brachiopode Lingula

**Kambrium**

3 Trilobiten, »Dreilappkrebse«
4 Seesterne
5 Quallen
6 Schwämme
7–9 Frühe Fische
10 Korallen

**Ordovizium**

11 Kopffüßer Nautilus
12 Muschel
13 Nautilide
14 Gestreckter Kopffüßer
15 Seelilien

**Silur**

16 Seeskorpion
17 Seeigel
18 Graptolithen
19 Ammonit

**Devon**

20 Quastenflosser
21 Urlurch Ichthyostega
22 Urfisch
23 Krebs
24 Riesenpanzerfisch

**Karbon**

25 Strahlenflosser
26 Riesenlibelle
27–29 Ur-Amphibien
30 Edaphosaurus, Reptil

**Perm**

31 Urschnecke
32 Sauroctonus, Reptil
33 Dimetrodon
34, 35 Reptilien Moschops und Elginia

**Trias**

36 Mixosaurus, Fischsaurier
37 Plateosaurus
38 Halticosaurus
39 Triadobatrachus, »Urfrosch«
40 Tanystropheus, Protorosaurier
41 Schildkröte
42 Mastodonsaurus, primitiver Panzerlurch
43 Henodus, Protorosaurier
44 Brückenechse
45 Proterosuchus, ein Vorfahre der Dinosaurier
46 Cynognathus, Reptil
47 Belemnit, Tintenfisch
48 Krokodil

**Jura**

49 Rhamphorhynchus, Flugsaurier
50 Stegosaurus
51 Plesiosaurus, »Paddelechse«
52 Archaeopteryx, »Urvogel«
53 Diplodocus
54 Brachiosaurus
55 Allosaurus (50, 53–55 sind Dinosaurier)
56 Meereskrokodil

**Kreide**

57 Mosasaurus, »Meereswaran«
58 Kronosaurus, »Paddelechse«
59 Saurier Platypterygius
60 Elasmosaurus, »Paddelechse«
61 Anatosaurus
62 Styracosaurus
63 Triceratops
64 Protoceratops
65 Euoplocephalus
66 Tyrannosaurus
67 Deinonychus
68 Iguanodon (61–68 sind Dinosaurier)
69 Pteranodon, Flugsaurier
70 Parasaurolophus
71 Polacanthus
72 Struthiomimus (70–72 sind Dinosaurier)
73, 74 Urvögel
75 Insektenfresser
76 Pythonschlange
77 Singvogel

**Paleozän**

78 Barylambda, Urhuftier
79 Opossum

**Eozän**

80 Urpferd
81 Diatryma, flugunfähiger Vogel
82 Uintatherium, Säugetier

**Oligozän**

83 Moeritherium, Rüsseltier
84 Arsinoitherium, Huftier
85 Paleobatrachus, Frosch
86 Baluchitherium, Nashorn
87 Hyaenodon, Urraubtier

**Miozän**

88 Schleichkatze
89–91 Schnecken
92 Stenomylus, Kamel
93–95 Muscheln
96 Riesensalamander
97 Dinohyus, Paarhufer
98 Dinotherium, Säugetier
99 Ceratogaulus, Säugetier

**Pliozän**

100 Mastodon, »Urelefant«
101 Teleoceras, Säugetier
102 Synthetoceras, Paarhufer
103 Phororhacos, Vogel
104 Platybelodon, Rüsseltier

**Pleistozän**

105 Wollnashorn
106 Sumatranashorn
107 Riesenhirsch
108 Macrauchenia, Säugetier
109 Glyptodon, Riesengürteltier
110 Mammut
111 Höhlenbär
112 Säbelzahntiger
113 Elch
114 Moschusochse

**Holozän**

Homo sapiens (Mensch) in Afrika seit 100 000 Jahren

# Winzlinge und Kolosse

Die größten Dinosaurier wurden 80 Tonnen schwer und erreichten eine Länge von 30 Metern, so lang wie ein ICE-Waggon. Die kleinsten Dinosaurier hingegen waren manchmal nur 60 Zentimeter groß. Über die Vorfahren der Dinosaurier, ihren Stammbaum und einige der interessantesten Arten berichtet dieses Kapitel.

**Vorhergehende Seiten: Zwei Mitglieder der großen Dinosaurier-Familie aus dem Oberen Jura stehen sich hier gegenüber: der Raubsaurier Allosaurus im Vordergrund und der stachelbewehrte Pflanzenfresser Stegosaurus im Hintergrund.**

**Der Stammbaum zeigt, daß auch völlig unterschiedlich aussehende Dinosaurier miteinander verwandt sind. Sie gliedern sich in die Großgruppen Echsenbecken-Dinosaurier (Saurischier) und Vogelbecken-Dinosaurier (Ornithischier).**

Wer schon einmal seine Eltern oder Großeltern gefragt hat, wie der Stammbaum der Familie aussieht und woher die Vorfahren stammen, wird erfahren haben, daß spätestens nach sieben oder acht Generationen Rückblick die Urahnen der Familien in einem Nebel des Vergessens versinken. Nur die wenigsten Familien haben in der Ahnenforschung verläßliche Unterlagen, die mehr als zwei- oder dreihundert Jahre zurückreichen. Um so erstaunlicher ist es, daß die moderne Paläontologie (Wissenschaft vom Leben der Vorzeit) den Stammbaum der Dinosaurier, dessen Wurzeln beinahe 220 Millionen Jahre zurückreichen, recht gut beschreiben kann.

Geholfen haben den Wissenschaftlern vor allem die mehr als 2100 Skelette und Skeletteile, die bislang weltweit gefunden wurden. Nach dem Zusammensetzen der Knochenteile vermuten die Experten, daß etwa 1000 verschiedene Dinosaurier-Gattungen gelebt haben müssen. (Gattung ist der Überbegriff für nächstverwandte Arten.) Jede Dinosaurier-Gattung lebte etwa fünf bis zehn Millionen Jahre, ehe sie ausstarb, und andere Dinosaurier-Arten, die sich weiterentwikkelten, die freigewordenen Lebensräume besetzten. Es wird angenommen, daß etwa 100 Dinosaurier-Gattungen gleichzeitig gelebt haben. Das entspricht in seiner Vielfalt etwa allen uns bekannten Säugetier-Gattungen, einschließlich der bereits ausgestorbenen. Die Dinosaurier-Gattungen unterschieden sich rein äußerlich so sehr wie etwa heute die Gattung der Löwen von den Bären oder die der Rinder von den Pferden.

Die Urvorfahren der Dinosaurier waren Reptilien (Kriechtiere), die ursprünglich von Lurchtieren abstammten. Sie hatten ihr Leben über Millionen von Jahren hinweg langsam vom Wasser auf das trockene Festland verlegt. Der Umzug vom Wasser auf das Land gelang durch eine alles verändernde »Erfindung«: das Ei mit Schale! Lurchtiere und Fische, deren Eier keine Schale haben, müssen ihre Eier ins Wasser ablegen, um sie vor dem Austrocknen zu schützen. Die schützende Ei-Hülle der Kriechtiere hingegen machte ihre Eier wasserunabhängig. Lange Zeit lebten die Urreptilien noch halb im Wasser und halb auf dem Land. Sie waren in der Lage, sich sowohl im Wasser als auch auf der festen Erde fortzubewegen.

Der Stammbaum der Saurier beginnt für uns dort interessant zu werden, wo sich aus den Thecodontiern (Reptilien, deren Zähne in Zahnhöhlen steckten) ganz verschiedene Reptilgruppen entwickelten. Ein Reptilzweig umfaßt zum Beispiel die Krokodile, eine andere Reptilgruppe eroberte die Lüfte, wie zum Beispiel die Flugsaurier, ein dritter Zweig bildete die Saurischier-Dinosaurier und die Ornithischier-Dinosaurier. Eines der ersten saurierähnlichen Geschöpfe war vor 230 Millionen Jahren die kleine, wieselflinke Euparkeria, die sich meist vierbeinig fortbewegte. Bei schnellem Lauf erhob sie sich auf die Hinterbeine und balancierte das Körpergewicht mit ihrem langen Schwanz aus. Im Unterschied zu den heutigen Reptilien hatte das Tier die Beine unter den Körper verlagert, sie standen also nicht seitlich vom Körper ab.

Die Dinosaurier kann man am besten anhand des unterschiedlichen Baues ihres Beckens in zwei Gruppen untergliedern: Es gab die Echsenbecken-Dinosaurier (Saurischier) und die Vogelbecken-Dinosaurier (Ornithischier). Bei den Saurischiern zeigte das Schambein nach unten und leicht nach vorne, das Sitzbein wies nach hinten. Einer der bekanntesten Vertreter dieser Gruppe ist der berühmte Tyrannosaurus rex.

Die Anordnung der Beckenknochen bei den Vogelbecken-Dinosauriern ähnelt, wie der Name bereits verrät, der Beckenstruktur der heutigen Vögel. Ein Fortsatz des Schambeins zog nach hinten und lag neben dem Sitzbein, leicht abwärts geneigt. Alle Ornithischier hatten als Besonderheit außerdem am Vorderende des Unterkiefers

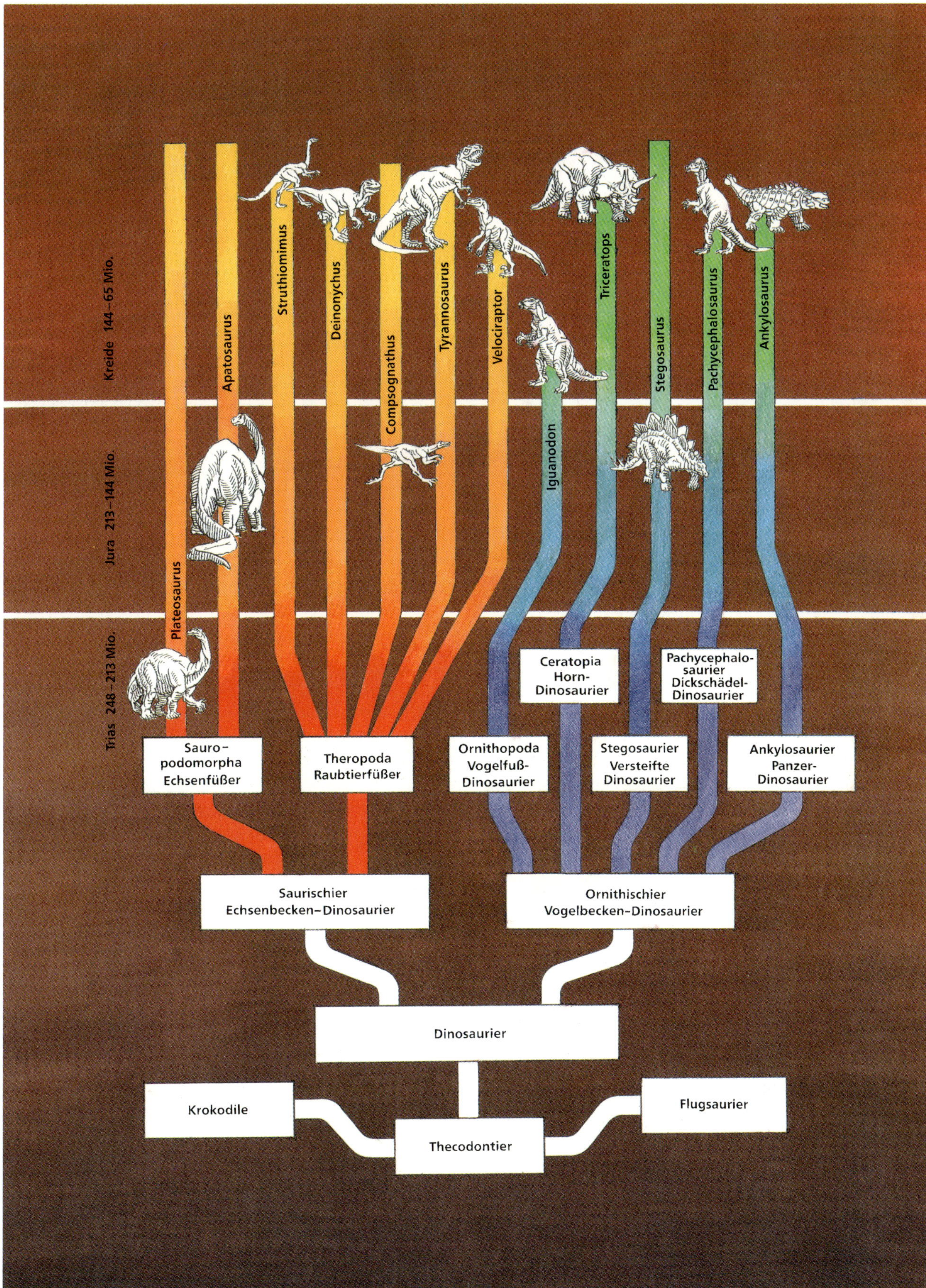
Kreide 144–65 Mio.
Jura 213–144 Mio.
Trias 248–213 Mio.
Plateosaurus
Apatosaurus
Struthiomimus
Deinonychus
Compsognathus
Tyrannosaurus
Velociraptor
Iguanodon
Triceratops
Stegosaurus
Pachycephalosaurus
Ankylosaurus
Ceratopia Horn-Dinosaurier
Pachycephalo-saurier Dickschädel-Dinosaurier
Sauro-podomorpha Echsenfüßer
Theropoda Raubtierfüßer
Ornithopoda Vogelfuß-Dinosaurier
Stegosaurier Versteifte Dinosaurier
Ankylosaurier Panzer-Dinosaurier
Saurischier Echsenbecken-Dinosaurier
Ornithischier Vogelbecken-Dinosaurier
Dinosaurier
Krokodile
Flugsaurier
Thecodontier

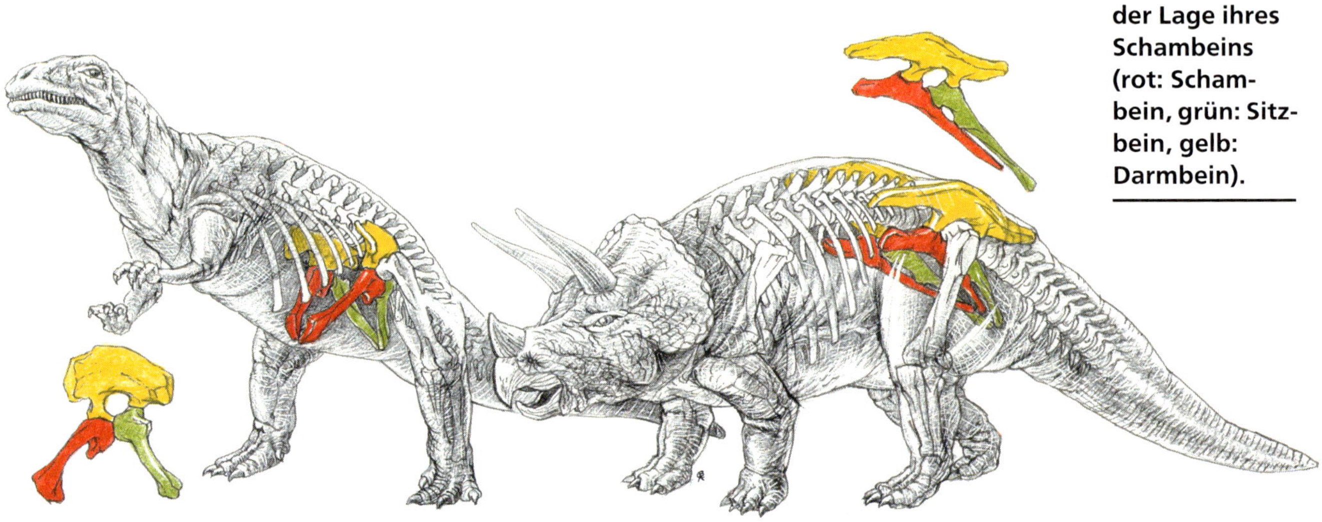

**Echsenbecken-Dinosaurier (links) und Vogelbecken-Dinosaurier (rechts) unterscheiden sich durch die Form ihres Beckens. Deutlich erkennt man den Unterschied an der Lage ihres Schambeins (rot: Schambein, grün: Sitzbein, gelb: Darmbein).**

einen Hornschnabel. Zu dieser Gruppe von Dinosauriern gehören Iguanodon und auch Stegosaurus. Doch bei den zwei Groß-Gruppen wollen wir es nicht belassen. Die Gruppe der Saurischier wird zusätzlich in zwei Untergruppen unterteilt. Zu den Theropoda (Reptilien mit säugetierähnlichen Hinterfüßen) gehören alle fleischfressenden Dinosaurier-Arten. Die Sauropodomorpha (Echsenfüßer) brachten die Riesen-Dinosaurier (Sauropoden) hervor. Alle Mitglieder dieser Gruppe waren ausschließlich Pflanzenfresser. Die Sauropoden (Elefantenfuß-Dinosaurier) waren die Giganten des Erdmittelalters. Apatosaurus und Diplodocus sind ihre bekanntesten Vertreter.

Bei den Ornithischiern werden gleich fünf Hauptgruppen unterschieden:
- Die Ornithopoda (Vogelfluß-Dinosaurier) als kleine bis mittelgroße Pflanzenfresser.
- Die Ceratopia (Horndinosaurier) mit einem seltsamen papageienähnlichen Schnabel und Hörnern auf dem Schädel.
- Die Pachycephalosaurier (Dickschädel-Saurier) mit hoher Stirn und massivem Schädeldach.
- Die Stacheldinosaurier waren gepanzerte Dinosaurier.
- Die Ankylosaurier (Panzerdinosaurier) sind die »Bulldozer« unter den Sauriern. Ihr Körper war mehr oder weniger vollständig mit Knochenplatten gepanzert.

Gegen Ende des Zeitalters der Dinosaurier nahm die Gruppe der Saurischier gegenüber den Ornithischiern an Arten- und Formenvielfalt ab. Die Vogelbecken-Dinosaurier hatten sich den Lebensbedingungen auf der Erde am Ende der Kreidezeit wohl besser anpassen können. Gleichzeitig nahm die Artenzahl der Ornithischier beträchtlich zu. Es entwickelte sich eine große Zahl vom Aussehen her unterschiedlicher Saurier.

Die Verwandtschaftsverhältnisse der Dinosaurier untereinander sind noch nicht restlos geklärt. Schwierigkeiten bereiten oft neuere Fossilfunde, die noch nicht in das bisher bekannte System der Dinosaurier einzuordnen sind. Ebenso tappen die Wissenschaftler oft im dunkeln, wenn sie Bruchstücke von Knochen ganz früher Dinosaurier aus der Zeit von vor 220 Millionen Jahren finden. Anhand der Bruchstücke läßt sich oft nicht exakt feststellen, zu welchem Dinosaurier das gefundene Material paßt.

Zur Charakterisierung von Dinosauriern gelten folgende Regeln:
Alle Dinosaurier
- lebten während eines Zeitraums von ungefähr 160 Millionen Jahren Dauer (von vor 220 bis 65 Millionen Jahren);
- waren Reptilien. Sie hatten eine beschuppte Haut und legten Eier;
- lebten ausschließlich auf dem Land;
- liefen aufrecht auf zwei oder vier Beinen, die sich, wie bei den Säugetieren, direkt unter dem Körper befanden.

**Die Galapagos-Meerechsen sind als typische Bewohner der Inseln an diesen Lebensraum besonders angepaßt.**

## Tiere und Pflanzen verändern sich dauernd: Die Evolution

Bevor der englische Naturforscher Charles Darwin (1809–1882) seine Theorie von der ständigen, langsamen Entwicklung der Arten aufstellte, waren die Menschen von der Unveränderlichkeit der Arten überzeugt gewesen. Eine Segel- und Forschungsfahrt Darwins auf die Galapagos-Inseln veränderte unsere Vorstellungen von der Entwicklung des Lebens (Evolution) grundlegend. Auf den Inseln, 1000 Kilometer westlich von Südamerika, beobachtete Darwin, daß auf jeder der Inseln eigenständige und besondere Formen von Schildkröten und Finken leben. Zwar sind die verschiedenen Arten miteinander verwandt, doch im Aussehen unterscheiden sie sich deutlich.

Darwin hatte die geniale Vermutung, daß alle Galapagos-Schildkröten ehemals von ein und derselben Art abstammten. Ihr isoliertes Leben auf den voneinander getrennten Inseln hat jedoch dazu geführt, daß die Schildkröten sich eigenständig entwickelten und sich daher im Aussehen voneinander unterschieden. Mit den Finken, so vermutete er, sei es ähnlich. Er entdeckte auf den Inseln vierzehn verschiedene Finkenarten, die sich von verschiedenen Samen und Früchten ernähren. Um an ihr Futter zu kommen, besitzen die Finken spezielle Formen von Schnäbeln: lange, spitze, breite, kräftige oder gebogene. Die Finken mußten irgendwann vor langer, langer Zeit vom Festland auf die Inseln geflogen sein, in einer Zeit, als die Inseln noch näher am Festland lagen. Dort auf den Inseln hatten sie sich, entsprechend dem Nahrungsangebot und der -aufnahme, eigenständig entwickelt. Die Entwicklung, die zu diesen Veränderungen, zum Beispiel den unterschiedlichen Schnabelformen, führte, nannte Darwin natürliche Selektion. Darwin folgerte nach vielen wissenschaftlichen Studien und Beobachtungen daraus, daß sich Tierarten verändern, wobei neue auftreten und andere aussterben.

Die biologische Evolution, die auch heute noch ununterbrochen abläuft, läßt sich als ein Prozeß zu einer bestmöglichen Anpassung der Lebewesen an bestimmte Lebensräume und Nahrungsquellen beschreiben.

Interessant und aufschlußreich ist dabei der Übergang von den Sauriern zu den Säugetieren. Die Saurier erschienen mit kleinen Formen erstmals vor etwa 330 Millionen Jahren, in der Karbon- und Steinkohlezeit. Lange Zeit spielten sie eine untergeordnete Rolle, da die Amphibien das Land beherrschten. Mit Beginn des Erdmittelalters breiteten sie sich überall auf der Erde artenreich aus. Rund 160 Millionen Jahre haben die Saurier das Leben auf der Erde entscheidend geprägt. Dann verschwanden sie, sie starben aus. An ihre Stelle traten nun die sich ausbreitenden Säugetiere. Die hatten bis dahin in kleinwüchsigen Formen ein unscheinbares Leben im Schatten der Saurier geführt.

**Stegosaurus benutzte seine Rückenplatten als Schutzschild und zur Wärmeregulierung.**

# Stegosaurus
## (Knochenplatten-Echse)

Stegosaurus unterscheidet sich in vielen Merkmalen von anderen Sauriern. Auf dem Rücken trug er große, in zwei Reihen angeordnete Knochenplatten. Diese Platten dienten als Schutzschild gegen Angreifer. Außerdem waren die großen Rückenplatten auch Temperaturregler. Mit Hilfe dieser Platten, die von vielen Blutgefäßen durchzogen waren, regelte Stegosaurus seine Körpertemperatur. Sank die Außentemperatur, dann konnte sich Stegosaurus der Sonne zuwenden, so daß ihre Strahlen die Rückenplatten erwärmten. Andererseits wurde über die Rückenplatten überschüssige Körpertemperatur nach außen abgegeben.

Zur wirkungsvollen Verteidigung hatte der Pflanzenfresser einen stachelbewehrten Schwanz. Damit konnte er einen Angreifer erheblich verletzen. Das Tier schlug mit dieser Abwehrwaffe vermutlich ähnlich zu wie ein mittelalterlicher Ritter mit seinem Morgenstern.

In der Lendengegend ist der Rückenmarkskanal von Stegosaurus stark vergrößert. In diesem Bereich übernahm das Rückenmark vermutlich Steuerungsfunktionen für die Bewegungsabläufe von Schwanz und Beinen. Kombinationsfreudige Forscher glaubten deshalb früher, Stegosaurus hätte somit eine Art zweites Gehirn im Beckenbereich besessen.

Stegosaurus hatte eine merkwürdige Körperstellung: Die Hüfte lag sehr hoch. Da die Vorderbeine jedoch nur halb so lang wie die Hinterbeine waren, sah es so aus, als ob die Knochenplatten-Echse ständig mit gebücktem Vorderteil laufe. Stegosaurus, der sich langsam auf allen Vieren fortbewegte, ernährte sich von niedrig wachsenden Pflanzen. Sie müssen weich gewesen sein, denn sein Gebiß bestand aus kleinen, stumpfen Zähnen, die die Nahrung nur zerquetschen konnten.

| | |
|---|---|
| Größe: | Über 7 m lang. |
| Zeit: | Oberjura. |
| Nahrung: | Pflanzenfresser. |
| Ordnung: | Vogelbecken-Dinosaurier. |
| Merkmale: | Große Knochenplatten auf dem Rücken, stachelbewehrter Schwanz. |
| Fundorte: | Nordamerika. |

## Deinonychus
(Schreckliche Kralle)

Deinonychus, der vor etwa 120 Millionen Jahren lebte, hatte sich ganz auf die Jagd und das Schlagen von Beute spezialisiert. Der Angriff mit der zwölf Zentimeter langen, sichelförmigen Klaue des Hinterfußes war für das Opfer meist tödlich. Während sich die sägeartig gezackten Zähne von Deinonychus in die Halspartie des pflanzenfressenden Dinosauriers gruben, riß er mit der messerscharfen Klaue den Leib des Opfers auf. Dabei mag Deinonychus zuweilen geschickt auf nur einem Bein balanciert haben, während er seine Beute mit Fuß und Kiefer wie in einem Schraubstock festhielt. 70 lange, scharfe und nach hinten gerichtete Zähne verbissen sich so fest, daß es kein Entrinnen gab. Fossilfunde mit Bißspuren von Deinonychus-Zähnen in den Knochen der Beutetiere geben Hinweise auf dieses Jagdverhalten.

Untersuchungen an fossilen Gehirnausgüssen ergaben, daß das Gehirnvolumen im Verhältnis zum Gewicht des Gesamttieres viel höher war, als bei vielen anderen Dinosauriern. Besonders entwickelt war das Kleinhirn, das für die Steuerung der Muskulatur und den Bewegungsablauf verantwortlich ist. Sein guter Gleichgewichtssinn ermöglichte Deinonychus auch während des Kampfes einen sicheren Stand.

Es gilt als sicher, daß Deinonychus in Rudeln jagte und auch vor Großdinosauriern nicht zurückschreckte. Mit 78–80 Kilogramm war er etwa so schwer wie ein ausgewachsener Mensch.

| | |
|---|---|
| Größe: | 3–4 m lang und 1,5 m hoch. |
| Zeit: | Unterkreide. |
| Nahrung: | Fleischfresser. |
| Ordnung: | Echsenbecken-Dinosaurier. |
| Merkmale: | Sichelförmige Kralle an der großen Zehe des Fußes. |
| Fundorte: | Nordamerika. |

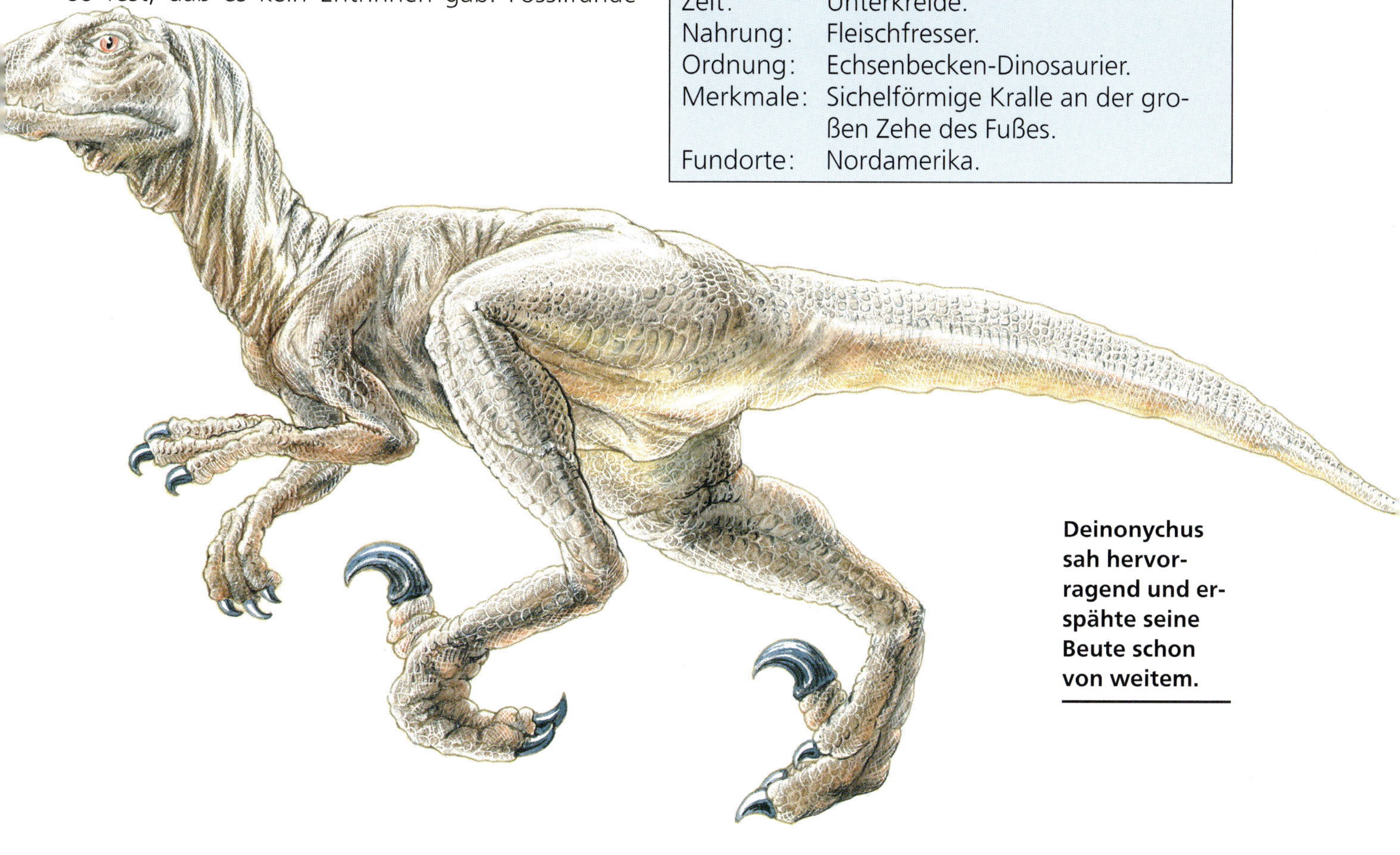

**Deinonychus sah hervorragend und erspähte seine Beute schon von weitem.**

Der gehörnte Carnotaurus wurde erst 1985 in Südamerika entdeckt.

## Carnotaurus
(Fleischfressender Stier)

Carnotaurus trägt auf seinem 57 cm langen Schädel seitliche Hörner wie ein Stier. Dieses Merkmal und seine räuberische Lebensweise verhalfen ihm zu seinem Namen »Fleischfressender Stier«.

Der 1985 in Argentinien entdeckte Saurier, dessen Länge auf acht Meter geschätzt wird, lief auf schlanken Hinterbeinen. Er muß bei der Jagd recht schnell und wendig gewesen sein.

Die Vordergliedmaßen waren extrem kurz und stark zurückgebildet. Da die Oberarme 30 Zentimeter lang, die Unterarme aber nur acht Zentimeter lange Stummel waren, wuchsen die krallenbewehrten Hände scheinbar direkt aus dem Ellenbogengelenk. Warum die Vordergliedmaßen so klein waren und welche Bedeutung sie hatten, ist unbekannt.

Dafür lassen sich um so genauere Angaben über die Haut dieses Sauriers machen, von der im Gestein besonders gut erhaltene Abdrücke gefunden wurden. Die Wissenschaftler fanden heraus, daß die Haut von Carnotaurus fein strukturierte Schuppenpartien, mit sogenannten Schuppenknoten auf der Oberfläche, hatte. Sie muß demnach der Haut von heute lebenden Krokodilen recht ähnlich gewesen sein.

| | |
|---|---|
| Größe: | 8 m lang. |
| Zeit: | Unterkreide. |
| Nahrung: | Fleischfresser. |
| Ordnung: | Echsenbecken-Dinosaurier. |
| Merkmale: | Sehr kurze Vorderarme. |
| Fundorte: | Südamerika. |

## Parasaurolophus
(Kammechse)

Lange rätselte die Fachwelt darüber, welche Bedeutung der langgezogene, vom Nasenbein ausgehende und über den Kopf von Parasaurolophus hinausragende, hohle Kamm gehabt haben könnte. Von der Schnorchelfunktion, dem Superriechorgan bis zum reinen Schmuckstück wurden dem wunderlichen Kopfschmuck des zehn Meter langen Sauriers allerlei Verwendungsmöglichkeiten angedichtet. Inzwischen sind sich die Paläontologen einig, daß die hohle, 1,6 Meter nach hinten über den Schädel ragende Röhre ein Schallresonanzkörper war. Mit ihm konnte Parasaurolophus trompeten oder hupenartige Töne von sich geben, um sich mit Artgenossen zu verständigen oder auch Feinde zu vertreiben.

Parasaurolophus wog soviel wie ein Elefant. Auf die Hinterbeine aufgerichtet, erreichte er die Höhe eines Einfamilienhauses. Gegen Feinde besaß er keine wirksame Verteidigungswaffe. Mit seinen scharfen Augen, dem ausgeprägten Geruchssinn und guten Ohren konnte er Gefahren frühzeitig erkennen. Feinden entzog er sich durch rasche Flucht. Parasaurolophus lebte gesellig in Gruppen oder Familienverbänden. Die Tiere schlossen sich zu großen Herden zusammen und legten ihre Eier in Nistkolonien ab.

| | |
|---|---|
| Größe: | Bis zu 10 m lang. |
| Zeit: | Oberkreide. |
| Nahrung: | Wasserpflanzen. |
| Ordnung: | Vogelbecken-Dinosaurier. |
| Merkmale: | Ein hohler, bis zu 1,6 Meter langer Fortsatz auf dem Schädel. |
| Fundorte: | Nordwest-Amerika. |

**Parasaurolophus erzeugte mit seinem hohlen Kamm Töne.**

## Apatosaurus
(Donnerechse)

| | |
|---|---|
| Größe: | 21 m lang, 4,5 m hoch. |
| Zeit: | Oberjura. |
| Nahrung: | Pflanzenfresser. |
| Ordnung: | Echsenbecken-Dinosaurier. |
| Merkmale: | Langer Hals und extrem langer Schwanz. |
| Fundorte: | Nordamerika, Ostafrika. |

**Die versteinerten Fußabdrücke des riesigen Apatosaurus können das Wasser einer Badewanne fassen.**

Gigantischer Körper, kleiner Kopf und winziges Gehirn, so läßt sich auf den ersten Blick Apatosaurus, der früher unter dem Namen Brontosaurus bekannt war, charakterisieren. Die Körpergröße dieses berühmten Dinosauriers betrug das 50000fache seiner Gehirngröße. Oder anders ausgedrückt, das Gehirngewicht stellte nur etwa 0,003 Prozent des Körpergewichts dar. Beim Hund liegt das Verhältnis bei etwa 0,6 Prozent, beim Menschen bei etwa zwei Prozent. Und dennoch war Apatosaurus mit seinem nur tennisballgroßen Gehirn fast 10 Millionen Jahre lang ein äußerst lebenstüchtiger Saurier. Im Jura hatte Apatosaurus seine Blütezeit. Er lebte auf vielen Kontinenten der Erde.

Unter den Schritten des 30 Tonnen schweren und 4,5 Meter hohen Kolosses dröhnte und erzitterte der Erdboden. Sein früherer Name Brontosaurus, das heißt »Donnerechse«, rührt daher.

Apatosaurus hatte einen langen, schlangenähnlichen Hals, der ähnlich wie das Schwenkrohr einer Betonpumpe weitab vom Körper operieren konnte. Die Nahrungsaufnahme von hohen Bäumen machte ihm somit keine Probleme.

Der Rücken des Tieres war über den Hüften am höchsten und fiel zur Schulter hin leicht ab. Unter dem Saurier hätte leicht ein Kleinlastwagen hindurchfahren können.

Das Tonnengewicht verteilte sich auf vier säulenartige Beine. Die riesigen Hinterfüße hatten einen Durchmesser von 60 Zentimetern.

Um den gewaltigen Körper ernähren zu können, mußte das Riesentier sehr viel fressen. Hauptnahrung waren Nadelbäume, Blätter, Triebe von palmartigen Bäumen und auch Wasserpflanzen. Apatosaurus war ein Dauerfresser, der zudem über eine prächtige Verdauung verfügte. Da er mit seinen stumpfen Zähnen die Nahrung nur abreißen und verschlingen konnte, wurde die Pflanzenkost in einem großen Kaumagen verarbeitet; vermutlich unter Mithilfe von hinuntergeschluckten Steinen. Die zerquetschten und zermahlten das Grünzeug. Da nicht alles perfekt verdaut wurde, fanden sich in den Ausscheidungen von Apatosaurus viele Pflanzensamen, die recht schnell anwuchsen und aufschossen. Die Samenverbreitung und Dungproduktion sollen so groß gewesen sein, daß nach Durchzug von Apatosaurus-Herden ganze Waldbereiche neu entstanden.

Feinde von Apatosaurus waren vor allem die fleischfressenden Allosaurier. Vor ihnen schützte er sich durch Flucht ins Wasser. Wurde ein Kampf unausweichlich, dann setzte Apatosaurus seinen langen, dünnen, peitschenartigen Schwanz ein, um den Gegner auf Distanz zu halten. Gefährlich war es für die Raubdinosaurer auch, wenn sich die »Donnerechse« auf die Hinterbeine stellte und mit den kräftigen Vorderbeinen um sich schlug. Große Klauen an den inneren Zehen der Vorderbeine konnten den Angreifern überdies schmerzhafte Wunden zufügen.

Noch vor einigen Jahren nahmen die Wissenschaftler an, daß Apatosaurus sich meist im Wasser aufhielt, Wasserpflanzen abweidete und sein Gewicht durch den Wasserauftrieb verringerte. Inzwischen weiß man, daß diese Annahme falsch ist. Der Wasserdruck, der auf einem so riesigen, gut vier Meter tief eingetauchten Tier lasten würde, hätte Körper und innere Organe geschädigt.

**Triceratops konnte mit seinen drei Hörnern Angreifer tödlich verletzen.**

# Triceratops
## (Dreihorn-Echse)

Mit sechs Tonnen Lebendgewicht, verteilt auf sieben Meter Körperlänge, war der friedliche Pflanzenfresser ein gewaltiges Tier. In Herden durchstreifte Triceratops die walddurchzogenen Savannen im Westen Nordamerikas. Vermutlich legte er dabei riesige Strecken zurück und weidete Farn-, Nadel- und Laubbäume ab.

Aufgrund seines imposanten Aussehens gehört Triceratops zu den bekanntesten Sauriern. Er besaß ein Horn über der Nase und zwei gewaltige Hörner hinter den Augen. Die Hörner auf Kopf und Nase benutzte er sowohl im Rivalenkampf als auch als tödliche Abwehrwaffe gegen den Angriff zum Beispiel von Tyrannosaurus.

Besonders auffällig an Triceratops war der große, massive Knochenschild, der vom Schädelhinterrand über den Nacken bis zur Schulter verlief. Eine ganze Anzahl dieser Fossilien wurde in hervorragend erhaltenem Zustand gefunden. Der knöcherne Nackenschild diente als Ansatz für die Halsmuskulatur und als Schutzschild gegen Feinde.

Das plumpe Tier mit seinem kurzen Schwanz lief ausschließlich auf vier Beinen. Diese waren kräftig und säulenförmig. Mit seinem scharfen Hakenschnabel riß Triceratops harte, faserige Pflanzenteile ab, um sie anschließend mit scherenartigen Zähnen zu zerkleinern.

Skelette von Triceratops wurden bislang nur in Nordamerika und Kanada entdeckt. Triceratops und seine Verwandten aus der Gruppe der Horndinosaurier waren die letzten und größten Vertreter der Dinosaurier vor 80–65 Millionen Jahren.

| | |
|---|---|
| Größe: | 7 m lang. |
| Zeit: | Oberkreide. |
| Nahrung: | Pflanzenfresser. |
| Ordnung: | Vogelbecken-Dinosaurier. |
| Merkmale: | Massives knöchernes Nackenschild ohne Öffnungen. |
| Fundorte: | Nordwest-Amerika. |

**Iguanodon benutzte seine 25 cm langen Daumenkrallen zur Nahrungsaufnahme und zur Verteidigung.**

# Iguanodon
(Leguanzähner)

Tausende von versteinerten Iguanodon-Knochen, die in etwa 120 Millionen Jahren alten Gesteinsschichten gefunden wurden, geben den Paläontologen ein recht vollständiges Bild von diesem Dinosaurier. Sie stammen aus der Unterkreide-Zeit, also von vor etwa 140–110 Millionen Jahren.

Der fünf Meter hohe, acht Meter lange und bis zu zwei Tonnen schwere Iguanodon lief meist auf den Hinterbeinen. Sein bevorzugter Lebensraum waren Sumpfwälder in den Niederungen. Am liebsten knabberte der Pflanzenfresser mit seinem pferdeförmigen Kopf an zypressenartigen Nadelbäumen, verspeiste Zapfen der zahlreich wachsenden Koniferen, weidete meterhohe palmartige Pflanzen ab oder tat sich an Ginkgobäumen gütlich. Trotz seiner Größe war Iguanodon recht gut zu Fuß. Wahrscheinlich konnte er bis zu 35 Stundenkilometer schnell laufen.

Bei der Nahrungssuche und Nahrungsaufnahme benutzte Iguanodon geschickt seine vorderen Gliedmaßen, die zwar viel kürzer als die Beine, dafür aber sehr beweglich waren. Das auffallendste an der fünffingrigen Hand ist der Daumen. Seine Kralle ist zu einem großen, knöchernen Stachel von etwa 25 Zentimetern Länge umgestaltet. Mit diesem dolchartigen Stachel konnte Iguanodon Rinden von Bäumen schälen, in der Erde nach Eßbarem stochern oder angreifende Raubdinosaurier schwer verletzen.

Während die abgerundete Schnauze von Iguanodon zahnlos war, trug jede Kieferspange 92 Zähne. Die Zähne waren flach, stumpf und breit und dienten dem Zerkauen der Pflanzen. Vermutlich lebten Leguanzähner zum eigenen Schutz in Herden.

| | |
|---|---|
| Größe: | Aufgerichtet etwa 5 m hoch, bis zu 8 m lang. |
| Zeit: | Unterkreide. |
| Nahrung: | Pflanzenfresser. |
| Ordnung: | Vogelbecken-Dinosaurier. |
| Merkmale: | Dolchartige Daumenkrallen. |
| Fundorte: | Westeuropa, Osteuropa, Nordamerika. |

## Tyrannosaurus
(Tyrannen-Echse)

Kein anderes Tier hat soviel Schreckens-Phantasien auf sich gezogen wie Tyrannosaurus. Er wurde beschrieben als grausamer und blutrünstiger Jäger, als zweibeinige »Killermaschine«, als das größte Landraubtier aller Zeiten. Sein Körper war in der Tat imponierend und einschüchternd. Würde er uns heute leibhaftig begegnen, es wäre tatsächlich eine erschreckende Begegnung. Tyrannosaurus wurde bis zu 12 Meter lang, sechs Meter hoch und wog acht Tonnen.

Allein sein Schädel hatte die Länge von etwa 1,2 Metern. Tyrannosaurus öffnete seinen Kiefer so weit, daß er damit riesige Fleischstücke packen und verschlingen konnte. Das Gefährlichste an der Tyrannen-Echse waren die Zähne. Diese säbelartigen Instrumente waren bis zu 15 cm lang und scharf wie Rasierklingen. Sie besaßen noch dazu sägeartige Einkerbungen. Die Zähne der starken Kiefer konnten selbst dicke Knochen zerknacken.

Die Hinterbeine waren lang und sehr kräftig. Schließlich mußten diese beiden Beine bis zu acht Tonnen Gewicht von Muskeln und Knochen tragen. Geradezu kümmerlich machten sich da die beiden Vorderärmchen aus. Zwei kleine Hände mit je zwei kleinen Fingern bildeten den Abschluß dieser Vordergliedmaßen. Was Tyrannosaurus mit diesen Ärmchen, die so kurz waren, daß sie nicht einmal bis zur Schnauze reichten, anfing, wissen wir nicht.

Das hohe Gewicht und der gedrungene Körper der Tyrannen-Echse verhinderten einen schnellen Lauf. Seinen Opfern dürfte Tyrannosaurus deshalb aufgelauert und sie in einem Überraschungsangriff gestellt haben. Mit einem kräftigen Biß in die Nackenregion machte er sie kampfunfähig, ehe er sie fraß. Vielleicht war Tyrannosaurus auch gar kein aktiver Jäger, sondern hatte sich auf schwache, kranke Tiere und großes Aas spezialisiert. Das Fleisch eines mittelgroßen Horndinosauriers oder eines Entenschnabel-Dinosauriers hat wohl ausgereicht, um ihn für eine Woche satt zu machen.

Sein Jagdgebiet hatte Tyrannosaurus vor etwa 70 Millionen Jahren in Nordamerika. Einen nahen Verwandten von ihm fanden Paläontologen auch in der Mongolei. Zu den Verwandten von Tyrannosaurus zählen Albertosaurus, Desplatosaurus und Tarbosaurus. Am Vorkommen von Tyrannosaurus läßt sich gut erkennen, daß es eine Landbrücke zwischen den Kontinenten gegeben haben muß, auf denen die Tiere von einem Kontinent zum anderen überwechseln konnten. Bei ihren Wanderungen folgten sie vermutlich ihrer Beute, den in Herden lebenden Entenschnabel-Dinosauriern.

**Tyrannosaurus mit seinen merkwürdig winzigen Armen war das größte Landraubtier aller Zeiten.**

| | |
|---|---|
| Größe: | 12 m lang, 6 m hoch. |
| Zeit: | Oberkreide. |
| Nahrung: | Fleischfresser. |
| Ordnung: | Echsenbecken-Dinosaurier. |
| Merkmale: | Lange, nach hinten gebogene Zähne mit Sägemesser-Kerbung. |
| Fundorte: | Nordwest-Amerika. |

# Pachycephalosaurus
## (Dickschädel-Echse)

| | |
|---|---|
| Größe: | 4 bis 6 m lang. |
| Zeit: | Oberkreide. |
| Nahrung: | Pflanzenfresser. |
| Ordnung: | Vogelbecken-Dinosaurier. |
| Merkmale: | Helmartiger Schädelfortsatz. |
| Fundorte: | Nordwest-Amerika, Mongolei, China. |

Der Schädel von Pachycephalosaurus war besonders auffallend. Die Oberseite des Schädeldaches war bis zu 25 cm dick. Der knochenverstärkte Kopf des Tieres sah so aus, als habe sich der Dinosaurier einen Helm übergestülpt. Dieser Schutz war auch nötig, denn zu Paarungszeiten, so vermutet man, rammten die etwa 4,5 bis sechs Meter langen Pachycephalosaurus-Männchen ihre Köpfe gegeneinander, um zu testen, wer der stärkste Vertreter des Rudels war. Die Schädelkämpfe der Tiere, die an ähnliche Auseinandersetzungen von Widdern erinnern, verliefen jedoch meist glimpflich. Denn die kräftigen Schädelrammstöße der schweren Körper wurden über das Rückgrat abgefedert.

Ansonsten zählte Pachycephalosaurus zu den friedfertigen Sauriern. Er lebte wahrscheinlich in hügeligen Gebieten oder in unzugänglichen Berggegenden und ernährte sich von Blättern, Samen, Früchten und vielleicht auch von Insekten. Das Tier, das auf den Hinterbeinen lief, war nicht besonders flink. Außer seinem knochenverstärkten Schädeldach hatte es keine weitere Verteidigungsmöglichkeit. Die lange, schmale Schnauze besaß auf der Oberfläche Knochenstacheln; am Hinterkopf befand sich ein Kranz scharfkantiger Höcker. Die Dickschädel-Echsen besaßen, wie fast alle Saurier, ein kleines Gehirn. Pachycephalosaurus lebte vor etwa 100 Millionen Jahren in Nordamerika, der Mongolei und Nordchina. Vermutlich streifte die Dickschädel-Echse in Herden umher.

**Die Männchen der Pachycephalosaurier rammten zur Paarungszeit ihre gepanzerten Schädel gegeneinander.**

**Spinosaurus fing mit seinem großen Rückensegel Sonnenenergie auf.**

# Spinosaurus
(Stachelechse)

Als kaltblütiges Reptil hatte Spinosaurus eine »Erfindung« gemacht, durch die er rasch die für seine Beweglichkeit notwendige Körpertemperatur erreichte. Wenn es ihm zu kühl wurde, stellte er sich quer zur Sonne und erwärmte seinen gewaltigen, zwölf Meter langen Körper durch Sonnenenergie. Damit die Sonnenstrahlen eingefangen und in Wärme umgewandelt werden konnten, hatte Spinosaurus auf seinem Rücken ein fast zwei Meter hohes Hautsegel aufgespannt. Es war an den verlängerten Dornfortsätzen der Rückenwirbel befestigt. Diese klingenartigen Stacheln waren bis zu 1,8 Meter lang. Da das Blut von Spinosaurus durch das große Rückensegel floß, erwärmte es sich dank der Sonnenstrahlen recht schnell. Wer schon einmal gezeltet hat, weiß, wie schnell es unter einem schrägen Zeltdach heiß werden kann, wenn die Sonne auf das Tuch prallt. Das Segel gab aber auch Wärme ab, so daß Spinosaurus sich mit seiner Hilfe abkühlen konnte.

Vielleicht diente das imposante Rückensegel aber auch nur dazu, Rivalen abzuschrecken.

| | |
|---|---|
| Größe: | 12 m lang. |
| Zeit: | Unterkreide. |
| Nahrung: | Fleischfesser. |
| Ordnung: | Echsenbecken-Dinosaurier. |
| Merkmale: | Großes Hautsegel auf dem Rücken. |
| Fundorte: | Nord- und Zentralafrika. |

## Allosaurus
(Andere Echse)

| | |
|---|---|
| Größe: | 5 m hoch, 13 m lang. |
| Zeit: | Oberjura. |
| Nahrung: | Fleischfresser. |
| Ordnung: | Echsenbecken-Dinosaurier. |
| Merkmale: | Säbelartige Zahnreihen. |
| Fundorte: | Nordamerika, Afrika, Australien. |

Allosaurus war ein gefürchteter Raubdinosaurier. Er lebte vor etwa 150–145 Millionen Jahren im Oberjura. Das bis zu drei Tonnen schwere Tier mit dem kurzen, plumpen Körper bewegte sich auf zwei starken, muskulösen Beinen und besaß große, raubtierähnliche Krallen. Allosaurus hatte einschließlich des langen Schwanzes eine Gesamtlänge von bis zu zwölf Metern. Wahrscheinlich jagte er die langsameren und unbeweglicheren Stegosaurier, Apatosaurier und sogar Brachiosaurier.

Allosaurus besaß bis zu 40 Zähne im Oberkiefer, einzelne wurden bis zu zehn Zentimeter lang. Im Unterkiefer hatte er 32 sägeförmig gezackte Zähne. Sie waren wirkungsvolle Tötungsinstrumente. Falls beim Beuteschlagen oder beim Fleischzerreißen Zähne ausbrachen, war dies für Allosaurus ohne Bedeutung. Die Zähne wuchsen, wie bei allen Reptilien, innerhalb eines bestimmten Zeitraums nach.

Mit seinen für Saurier recht großen Augen erspähte er Feinde und Beute auf große Entfernung. Knöcherne Wülste über den Augen, so vermutete man, dienten vielleicht als Sonnenschutz; vielleicht waren sie aber auch nur ein auffälliges Geschlechtsmerkmal männlicher oder weiblicher Tiere.

**Allosaurus umklammerte seine Opfer mit seinen starken, kurzen Armen, die in drei scharfen Krallen endeten.**

## Psittacosaurus
(Papageienechse)

Das Auffallendste an dem etwa 1,5–2,0 Meter großen Dinosaurier war sein Schädel. Psittacosaurus hatte nämlich eine papageienschnabelähnliche Schnauze. Damit konnte er Pflanzen abreißen, die er dann mit seinen wenigen stumpfen Zähnen zerquetschte. Jede Hand von Psittacosaurus hatte vier Finger, die er zum Greifen von pflanzlicher Nahrung, vielleicht aber auch zum Graben recht geschickt benutzte. Ein ausgewachsenes Exemplar wog nur etwa 60 Kilogramm.

Meist lief er auf zwei Beinen. Er konnte sich aber auch auf allen vieren bewegen. Psittacosaurus lebte vor etwa 100 Millionen Jahren in der Gegend der heutigen Mongolei und in China. Bei großen Grabungsexpeditionen im Jahre 1920 wurden von Psittacosaurus auch Babyskelette von nur etwa 25 Zentimetern Größe sowie Eigelege gefunden.

Eines der gefundenen Exemplare wies eine Besonderheit auf: In der Körpergegend, wo der Magen des Tieres vermutet wurde, lagen kleinere abgerundete Steine. Die Wissenschaftler schlossen daraus, daß diese Steine im Magen des Sauriers dazu gedient hatten, die Pflanzenfasern nachträglich zu zermahlen.

Von Psittacosaurus, so wird spekuliert, stammen möglicherweise die späteren Horndinosaurier (Ceratopier) ab, zu denen auch Triceratops gehört.

| | |
|---|---|
| Größe: | 2 m lang. |
| Zeit: | Mittelkreide. |
| Nahrung: | Pflanzenfresser. |
| Ordnung: | Vogelbecken-Dinosaurier. |
| Merkmale: | Papageienähnlicher Schnabel. |
| Fundorte: | Mongolei und China. |

**Ein Winzling unter den Dinosauriern war Psittacosaurus: Er erreichte höchstens 2 m Größe und wog bis ca. 60 kg.**

## Brachiosaurus
(Armechse)

Brachiosaurus ist der Dinosaurier der Superlative. Er war einer der schwersten »Dinos«: Mit etwa 80 Tonnen Lebendgewicht erreichte er das Gewicht von zwölf ausgewachsenen Elefanten. Damit war er das gewichtigste Landtier überhaupt. Auch seine Gesamtkörperlänge war gewaltig. Von der Schnauze bis zur Schwanzspitze maß er 24 Meter. Von fast 13 Meter Höhe aus blickte er auf den Erdboden hinab. Er erreichte damit die

**Brachiosaurus erreichte dank seiner langen Vorderbeine und seines langen Halses die höchsten Baumwipfel.**

Höhe eines zweistöckigen Hauses. Der Hals des Tieres machte dabei ein Drittel der Körperlänge aus und wirkte wie der Ausleger eines Kranes.

Das Herz des Tieres muß besonders leistungsfähig gewesen sein, um das Blut über den langen Hals bis zum Gehirn hochzupumpen. Der relativ kleine Kopf mit dem aufgewölbten dünnen Knochenkamm wies eine Besonderheit auf: Die Nasenöffnung der Armechse lag oberhalb der Augen, was zu vielen Deutungen Anlaß gab. Überlegt wurde, ob das Tier einen Rüssel hatte oder ob die obenliegenden Nasenlöcher als Beweis für den zeitweisen Aufenthalt des Tieres im Wasser anzusehen sind. Die Funktion dieser Nasenlöcher ist bis heute noch nicht endgültig geklärt.

Bezogen auf sein Gesamtgewicht hatte Brachiosaurus das kleinste Gehirn: Es wog weniger als 200 Gramm. Das Verhältnis zwischen Gehirngewicht und Körpergewicht betrug etwa 1:350 000.

Im Unterschied zu vielen anderen Sauropoden waren bei Brachiosaurus die Vorderbeine länger als die Hinterbeine. Das brachte ihm auch den Namen »Armechse« ein. Allein der Unterarm war über zwei Meter lang und wog einige Zentner. Bei Brachiosaurus fällt der Rücken vom Hals zum Schwanz hin ab.

Brachiosaurus ernährte sich nur von Pflanzen und Blättern, die er dank seines langen Halses auch von den höchsten Baumkronen abreißen konnte. Der mächtige Dinosaurier war ein friedliches und aufgrund seines Gewichts auch recht schwerfälliges Tier. Er konnte sich nicht auf seine Hinterbeine aufrichten, wie das von anderen Sauropoden bekannt ist. Das bislang vollständigste Skelett des vor 150–145 Millionen Jahren in Afrika, Westeuropa und Nordamerika lebenden Tieres wurde in Tansania (Ostafrika) entdeckt.

Funde von Teilskeletten ähnlich gebauter, noch größerer Dinosaurier aus der Gruppe der Brachiosaurier stammen aus Nordamerika. Man schätzt, daß einige dieser Tiere mit den Namen Ultrasaurus, Supersaurus oder Seismosaurus eine Gesamtlänge von über 40 Metern und ein Gewicht von über 100 Tonnen hatten. Sie wären damit die größten Tiere aller Zeiten gewesen.

| | |
|---|---|
| Größe: | Etwa 24 m lang, 12,5 m hoch. |
| Zeit: | Oberjura. |
| Nahrung: | Pflanzenfresser. |
| Ordnung: | Echsenbecken-Dinosaurier. |
| Merkmale: | 80 t Lebendgewicht; riesig langer Hals. |
| Fundorte: | Nordamerika und Ostafrika. |

**Mit seinen kräftigen Beinen lief Struthiomimus schneller als ein galoppierendes Pferd.**

## **Struthiomimus**
(Strauß-Dinosaurier)

Unter den Dinosauriern war der Strauß-Dinosaurier, der vor etwa 80 Millionen Jahren lebte, ein Schnelläufer, der in voller Geschwindigkeit ein galoppierendes Pferd hätte überholen können. Die Knochen seiner langen Beine waren, wie bei den Vögeln, hohl. Das sparte Gewicht, was der Schnelligkeit zugute kam. Der lange Schwanz, der dem Tier eine Gesamtlänge von bis zu vier Metern verlieh, diente zum Ausbalancieren des Körpers.

Da Struthiomimus keine »Waffen« zur Verteidigung besaß, war die schnelle Flucht seine beste Möglichkeit, dem nachjagenden Feind zu entkommen. Seinen Namen bekam dieser Saurier, weil er in der Größe (bis zu zwei Metern), in der Körpergestalt, der länglichen Kopfform und der langen, zahnlosen, schnabelförmigen Schnauze dem heute lebenden Vogel Strauß ähnelt.

Man nimmt an, daß Struthiomimus ein Allesfresser war. Er verschmähte weder Blätter, Eigelege anderer Saurier, Samen und Früchte noch Insekten und kleine Eidechsen. Mit seinen großen, nach vorne gerichteten Augen konnte er seine Beutetiere auf große Entfernung erspähen. Die langen und dünnen Arme endeten in handähnlichen »Werkzeugen«. Jede Hand hatte drei lange Klauen mit Fingern. So ausgestattet, konnte er seine Nahrung gut und zielsicher greifen.
Der Strauß-Dinosaurier zog durch offene, trockene Landstriche, war aber auch in waldreichen Gebieten beheimatet.

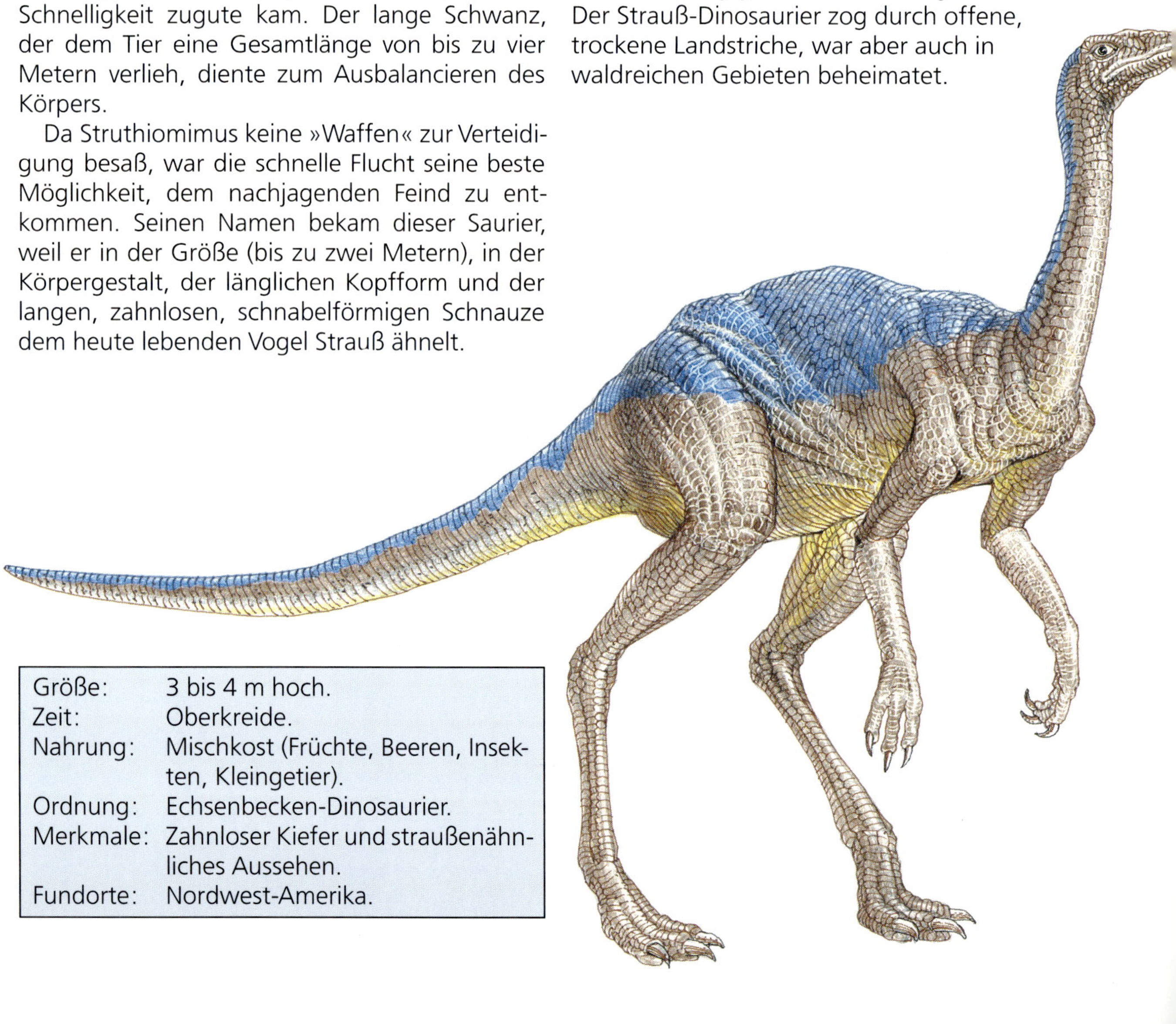

| | |
|---|---|
| Größe: | 3 bis 4 m hoch. |
| Zeit: | Oberkreide. |
| Nahrung: | Mischkost (Früchte, Beeren, Insekten, Kleingetier). |
| Ordnung: | Echsenbecken-Dinosaurier. |
| Merkmale: | Zahnloser Kiefer und straußenähnliches Aussehen. |
| Fundorte: | Nordwest-Amerika. |

Ankylosaurus schützte sich durch seine massiven Knochenplatten vor Feinden.

# Ankylosaurus
## (Panzerdinosaurier oder versteifte Echse)

Vom Kopf bis zum Schwanz stark gepanzert, bestritt Ankylosaurus vor mehr als 90 Millionen Jahren den Kampf ums Überleben. Die Knochenplatten, die den massigen, gedrungenen Körper abdeckten, schützten das pflanzenfressende Tier vor räuberischen Fleischfressern. Mit mehr als fünf Tonnen Gewicht war Ankylosaurus langsam und schwerfällig. Die massigen Beine standen direkt unter dem Körper und mußten besonders kräftig sein, damit sie das Gewicht des Kolosses tragen konnten. Ungepanzert war lediglich die weiche Bauchunterseite, die er bei großer Gefahr fest auf den Boden drückte. Falls ein Raubsaurier es schaffte, ihn auf den Rücken zu werfen, war Ankylosaurus verloren. Sein enormes Körpergewicht machte es seinen Gegnern jedoch sehr schwer, ihn umzudrehen, und er konnte sich auch aktiv wehren. Am Ende des langen, versteiften Schwanzes besaß das Tier eine Knochenverdickung, die aussah wie eine riesige Keule. Diese Keule schwang er gegen die Angreifer. Dabei steckte soviel Kraft und Schwung in dem Keulenschlag, daß er damit die Beine angreifender Tiere zerschlagen konnte.

Von Ankylosauriern kennt man mehr als 33 verschiedene Arten in verschiedenen Größen und mit verschiedenartigen Panzerungen. Die Tiere ernährten sich von niedrigwachsenden, weichen Pflanzen. Der gepanzerte Kopf der Tiere endete vorne in einem zahnlosen Hornschnabel. Bei einigen Gattungen waren sogar die »Augenlider« knochenverstärkt und wirkten wie Metall-Jalousien.

| | |
|---|---|
| Größe: | 10 bis 15 m lang. |
| Zeit: | Oberkreide. |
| Nahrung: | Pflanzenfresser. |
| Ordnung: | Vogelbecken-Dinosaurier. |
| Merkmale: | Eine 40 cm breite Keule an der Schwanzspitze. |
| Fundorte: | Nordamerika. |

# Lindwürmer in Schwaben

Vor mehr als 200 Millionen Jahren lebten im Gebiet der heutigen schwäbisch-bayrischen Hochebene Herden von Plateosauriern. In kurzer Zeit hatten sie sich außerordentlich zahlreich entwickelt. Feinde brauchte der sechs bis acht Meter lange Riese kaum fürchten: Sein kräftiger Schwanz war eine wirksame Abwehrwaffe gegen räuberische Angreifer.

**Schachtelhalm (Equisetites arenaceus), Trias.**

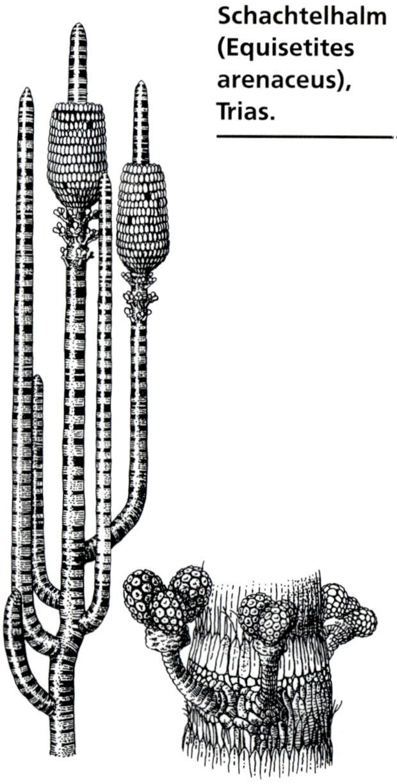

**Schachtelhalm (Schizoneura), Trias.**

**Bärlapp (Pleuromeia sternbergi), Trias.**

**Bjuvia, eine Cycadee, Trias.**

Wenn vor 210 Millionen Jahren die Sonne über dem heutigen Baden-Württemberg, Bayern und Hessen aufging, dann schien sie nicht auf die Bayerischen Alpen, die Schwäbische Alb oder den Schwarzwald, sondern auf weite Wasserflächen und tropische Sumpfregionen. Das Festland, das immer wieder vom vordringenden Meer umspült wurde, erhob sich erst südlich der Linie Böhmerwald–Bodensee.

Es war in der Zeit der Trias (245–195 Millionen Jahre vor unserer Zeitrechnung), als die ersten echten Dinosaurier in Erscheinung traten. Das Gebiet, das heute Deutschland umfaßt, war teilweise und vorübergehend von Binnenmeeren überflutet. In Europa herrschte tropisches bis subtropisches Klima. Auf dem Gebiet der heutigen Schweiz, Baden-Württembergs, Frankens, Thüringens und Österreichs gab es in der Obertrias ausgedehnte Sumpflandschaften, große Brackwasserbuchten, Flußläufe, Seen, Teiche und Tümpel.

In den sumpfigen Deltaregionen war die Vegetation üppig. Auf dem höhergelegenen Land wuchsen Palmfarne und Koniferen. Dichte, zehn Meter hohe, röhrichtartige Schachtelhalmbestände umsäumten die Gewässer. Feuchtigkeitsliebende Farne wuchsen ebenso wie araukarienähnliche Nadelbäume, prächtige Ginkgobäume und buschartige Farne.

In den Flüssen und Seen lebten Fische und Panzerlurche, während Krokodilsaurier an den Ufern der Gewässer auf Beutetiere lauerten. Auf dem Land erschienen die ersten Schildkröten, Krokodile, säugetierähnliche und andere Reptilien. Nur Schlangen gab es noch nicht.

Erstmals traten mit den Plateosauriern auch die Dinosaurier in Erscheinung. Plateosaurus lebte nicht in unmittelbarer Nähe von Gewässern, sondern bevorzugte die etwas höher gelegenen, trockeneren Landstriche im Bereich der heutigen schwäbisch-bayrischen Hochebene vom Bodenseegebiet an in Richtung Nordosten bis hin nach Böhmen.

Plateosaurus und seine nächsten Verwandten waren schon in der Obertrias weltweit verbreitet. Ihre Skelette und Skelettreste wurden auf fast allen Kontinenten gefunden. Das gilt als Beweis dafür, daß die Kontinente damals noch in einem riesigen Kontinent vereint waren, auf dem sich die Plateosaurier rasch ausbreiten konnten. Plateosaurus, der als Herdentier umherzog, lebte von der Obertrias bis zum Unterjura, also rund 10 bis 15 Millionen Jahre lang.

Zu Beginn der Jurazeit wurde das Klima in Europa feuchter und kühler. Die Plateosaurier verschwanden. Auf den Südkontinenten hingegen, zum Beispiel in Südafrika, lebten sie länger.

In ausgewachsenem Zustand, bei einer Gesamtlänge von sechs bis acht Metern – einzelne Exemplare erreichten sogar zehn Meter –, hatte Plateosaurus keine Feinde zu befürchten. Sein langer Schwanz war eine wirksame Abwehrwaffe gegen räuberische Saurier: in Gruppen jagende Halticosaurier und auch Thecodontier wie die Scheinkrokodile. Doch die stellten eher schwachen, verletzten oder jungen Plateosauriern nach, die sich von der Herde entfernt hatten.

Ab und zu kreuzte auch der schnelle und kleine Procompsognathus die Wege von Plateosaurus. Da Procompsognathus nur etwa einen Meter lang und schlank war, suchte er sich andere Beutetiere aus als den großen Plateosaurus.

Dank fossil erhaltener Abdrücke von Hand und Fuß der Plateosaurier, ja durch ganze Fährtenfolgen, weiß man, daß sie in Herden lebten. Aus der Anordnung der Spuren läßt sich feststellen, daß die jungen Plateosaurier in der Mitte der Herde liefen, während die Elterntiere die Herde nach außen beschützten.

Noch immer wissen wir nicht recht, wie sich die Plateosaurier ernährt haben. Da ihr Gebiß aus gleichförmigen, seitlich abgeflachten Zähnen besteht, die gekerbte Schneidekanten aufweisen, spräche dies für einen Fleischfresser. Doch im Gebiß wirken diese aneinandergereihten Zähne wie eine Säge. Vielleicht hat Plateosaurus damit pflanzliche Nahrung aufgenommen oder Fruchtstände, z. B. Zapfen von Palmfarnen, aufgesägt, um an die nährstoffreichen inneren Teile der Frucht zu gelangen. Möglicherweise hat er auch Aas nicht verschmäht. Solange keine fossilen Mageninhalte von Plateosauriern gefunden werden, so lange wird die Frage, wie sie sich ernährt haben, unbeantwortet bleiben.

**Eine fossile Blüte einer Cycadee, Trias.**

Über die Fortbewegungsart der Tiere – ob aufrecht auf den Hinterbeinen oder vierfüßig echsenhaft laufend – sind sich die Paläontologen noch nicht einig. Der Skelettaufbau läßt vermuten, daß das gewaltige Tier auf allen vieren lief und sich nur beim Fressen auf die Hinterbeine stellte und dabei den Schwanz zum Abstützen des Körpers benutzte. Seine Nahrung nahm Plateosaurus mit den krallenbewehrten Greifhänden zu sich.

Das Foto zeigt die Grabung nach Plateosaurus in Trossingen im Jahr 1932.

Die Ansammlung vieler Skelettreste an den genannten Fundorten läßt vermuten, daß die Tiere vor etwa 200 Millionen Jahren eines plötzlichen Todes gestorben sind. Vielleicht sind sie in panischer Furcht vor jagenden Raubsauriern in einem hochwasserführenden, reißenden Fluß ertrunken. Auf jeden Fall wurden die Kadaver der Tiere mit den Wassermassen an ihre späteren, recht weit von ihrem Lebensraum entfernten Fundorte getrieben. Durch Zufall fand man die fossil erhaltenen Skelette. Gezielte Ausgrabungen brachten dann einen wahren Skelett-Schatz an das Tageslicht.

Eine andere ergiebige Fundstelle war eine Ziegeleigrube bei Halberstadt im Harzvorland, wo im Jahr 1909 Reste sowie mehrere fast vollständige Skelette von Plateosauriern ausgegraben wurden. Sie wurden »Halberstädter Lindwürmer« getauft.

1847 entdeckte ein Stuttgarter Kaufmann in einer Mergel-Grube in den ehemaligen Weinbergen unterhalb von Degerloch Skelettreste eines großen Sauriers. Es handelte sich um fossile Knochen von Plateosaurus. Im Stubensandstein von Stuttgart wurde um 1860 Sellosaurus entdeckt, ein direkter, etwas kleinerer Vorfahre von Plateosaurus. Sellosaurus gehört zu den geologisch ältesten Dinosauriern der Erde.

Trossingen, in der Nähe von Rottweil im heutigen Baden-Württemberg gelegen, ist der bedeutendste Fundort von Plateosaurus-Resten. Hier wurden vollständige Skelette dieses Tieres gefunden. In den Museen von Trossingen, Tübingen und Stuttgart wurden die Skelette montiert und ausgestellt. Wegen der zahlreichen Plateosaurus-Fundorte in Schwaben heißt das Tier im Volksmund »schwäbischer Lindwurm«.

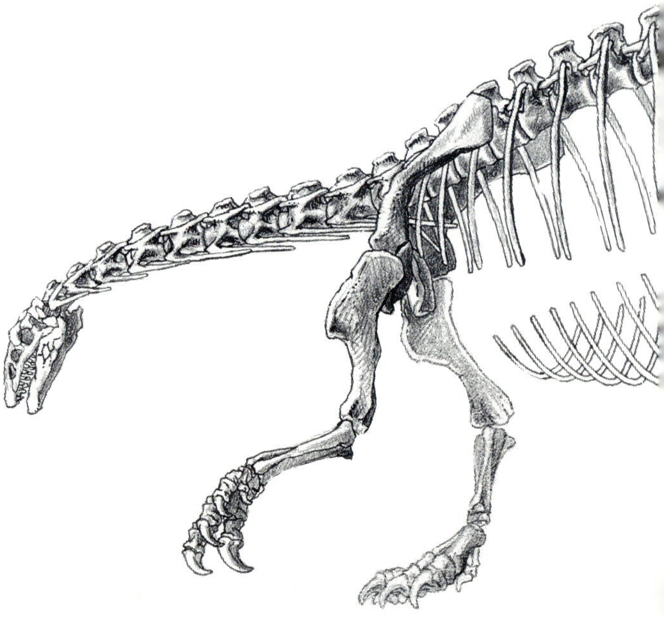

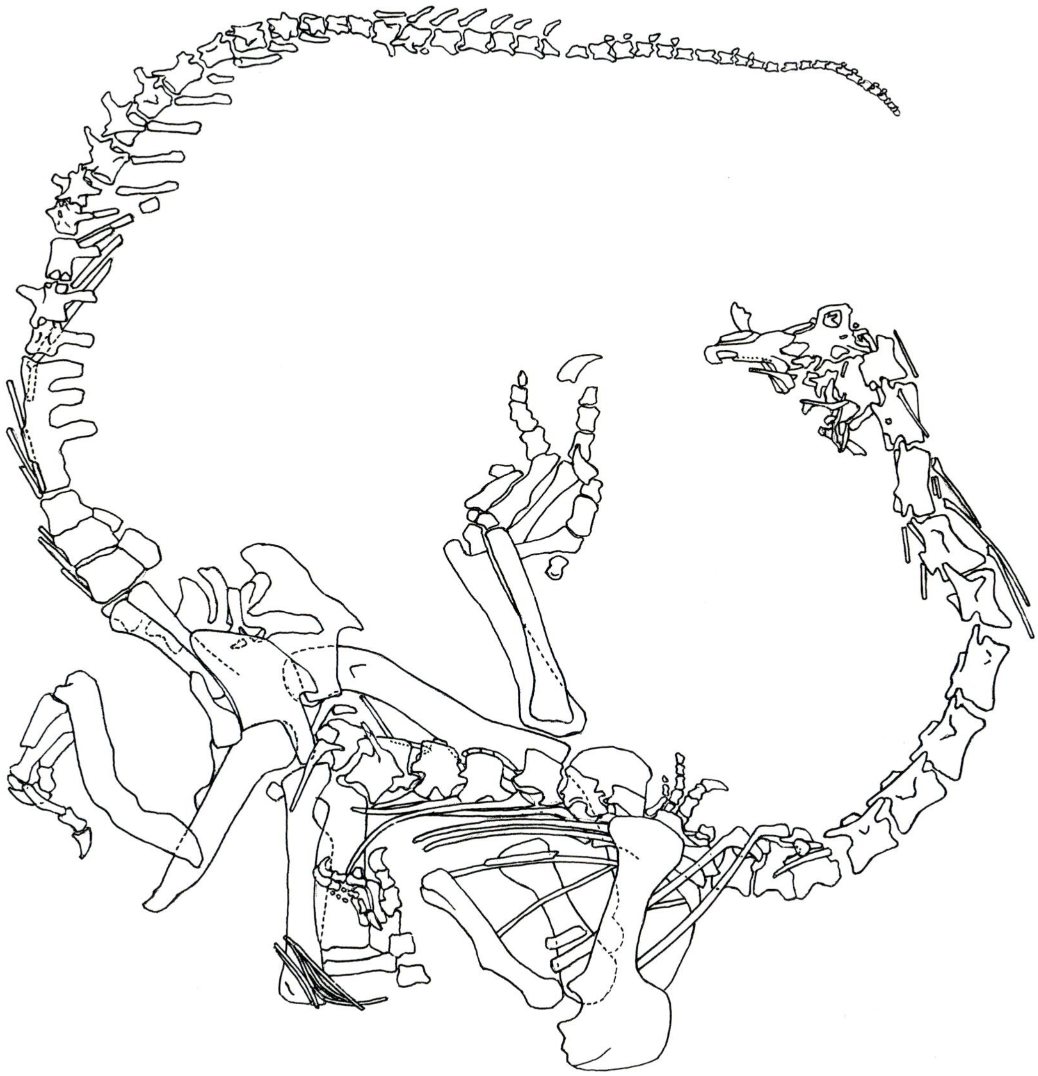

**So wurden die Knochen eines Plateosaurus im Gestein bei Trossingen gefunden.**

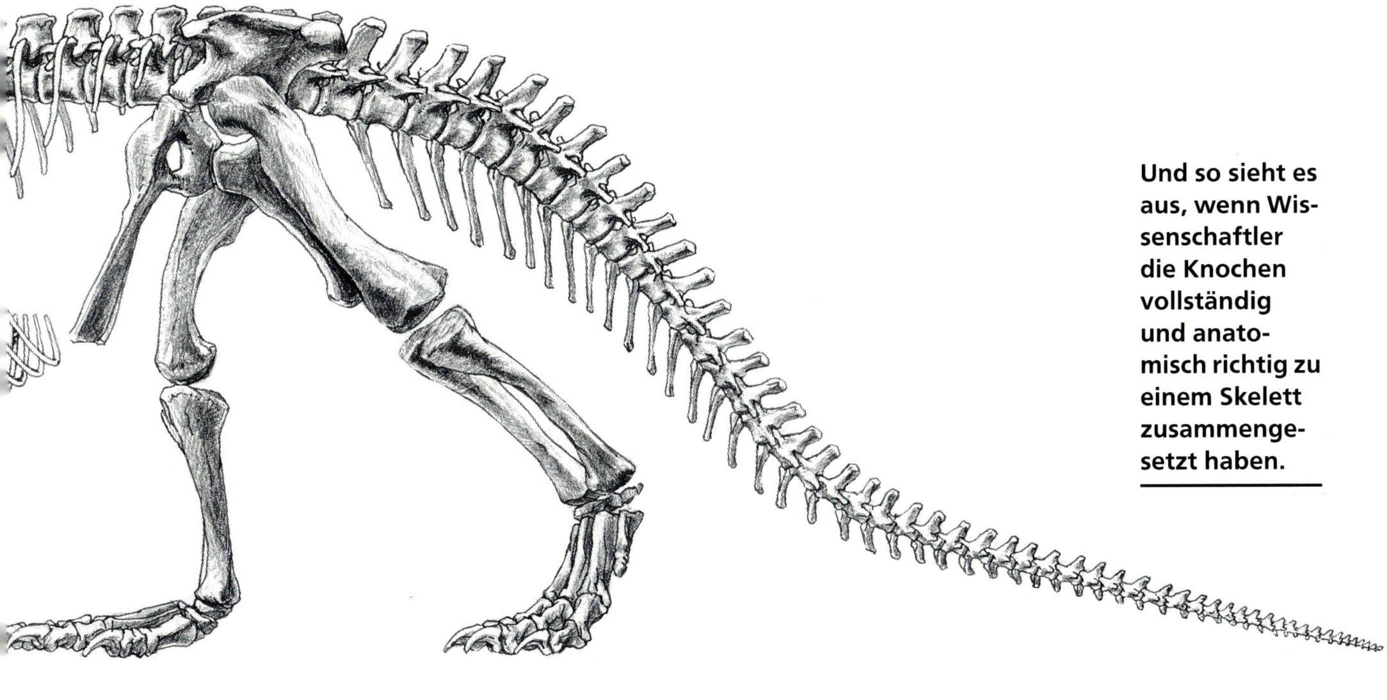

**Und so sieht es aus, wenn Wissenschaftler die Knochen vollständig und anatomisch richtig zu einem Skelett zusammengesetzt haben.**

# Das Leben der Dinosaurier

Ein Maiasaurier betrachtet neugierig seine frischgeschlüpften Jungen. »Die Gute-Mutter-Echse« wird auch weiterhin für ihre Nachkömmlinge liebevoll sorgen.
Legten alle Dinosaurier Eier, oder brachten einige Arten auch lebende Junge zur Welt? Wie verhielten sich die Dinosaurier untereinander, waren sie Einzelgänger, oder lebten sie in Herden?

**W**elche Lebensgewohnheiten hatten sie, wie schnell waren sie und wie jagten sie ihre Beute? Waren die Dinosaurier warm- oder kaltblütige (wechselwarme) Tiere? Warum hatten manche Dinosaurier Hörner, Segel, Panzerplatten oder Rückenschilder? Und warum wurden einige riesengroß?

Die Antworten, die Forscher und Wissenschaftler bis heute auf diese Fragen gefunden haben, findet ihr in diesem Kapitel.

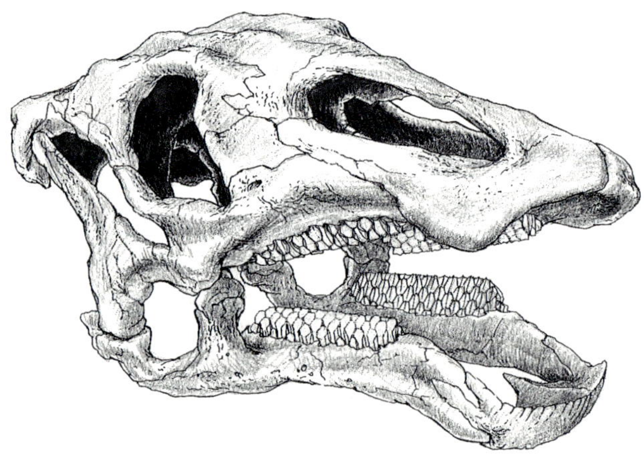

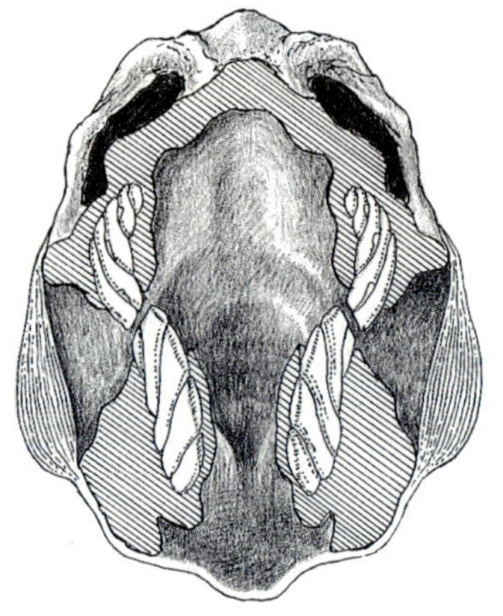

**Wie alt wurden die Dinosaurier?**

Es ist heute, Jahrmillionen nach ihrem Erscheinen, nicht leicht festzustellen, wie groß die Lebenserwartung der Dinosaurier war. Das Alter, das sie erreichen konnten, hat sicherlich von Art zu Art geschwankt. Anhand von Knochen- und Zahnuntersuchungen gelangte man zu der Feststellung, daß manche Tiere vielleicht mehr als zweihundert Jahre alt werden konnten. Im Vergleich dazu: Schildkröten haben eine Lebenserwartung von bis zu 300 Jahren, der Mensch von durchschnittlich 75 Jahren, Pferde von 25 Jahren. Katzen werden bis zu 16 Jahre alt.

Das Alter von 200 Jahren werden die allermeisten Saurier jedoch kaum erreicht haben. Oft sind sie vorher durch Naturkatastrophen, Krankheiten, Unfälle oder als Beutetiere räuberischer Dinosaurier umgekommen.

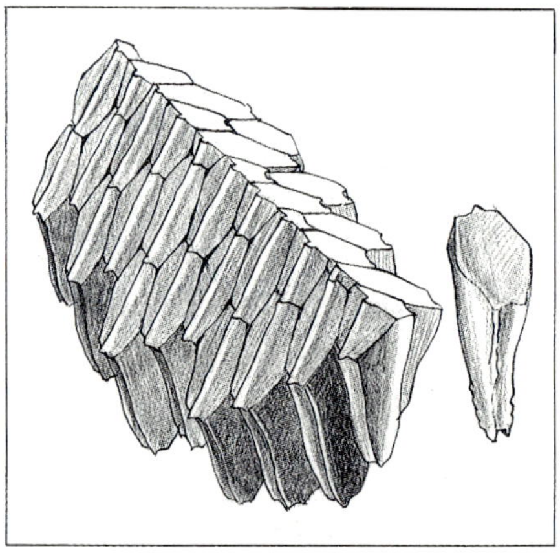

**Einige Vogelbecken-Dinosaurier, zu denen Iguanodon gehört, verfügten über ganze Zahnbatterien aus Hunderten von Mahlzähnen. Sie nutzten sich rasch ab und wurden dann durch nachrückende Zähne ersetzt.**

# Der Speisezettel der Dinosaurier

Was und wieviel die Saurier fraßen, hing von der Größe der Tiere und davon ab, ob sie Fleisch- oder Pflanzenfresser waren.

Die Pflanzenfresser unter den Dinosauriern hatten Zähne mit Reibeflächen oder batterieweise angeordnete Zähne. Oft waren sie stumpf oder stiftförmig und zum Zerkauen der faserigen Nahrung nicht geeignet. Mit ihnen konnten Pflanzen nur abgerissen und in verschluckbare Portionen zerteilt werden. Der eigentliche Verdauungsvorgang begann bei diesen Tieren erst nach dem Hinunterschlucken. In den Kaumägen der riesigen Pflanzenfresser befanden sich abgerundete Kieselsteine, sogenannte Magensteine. Die Dinosaurier verschluckten diese Steine absichtlich, um mit ihrer Hilfe die pflanzliche Nahrung im Magen richtig zu zerkleinern und aufzuschließen. Solche Magensteine wurden recht zahlreich gefunden, zum Beispiel im Magenbereich von Brachiosauriern. Der Nahrungsbrei wurde dann im Darm verdaut und die unbrauchbaren Reststoffe als Kot ausgeschieden. Doch nicht alle pflanzenfressenden Dinosaurier haben so ihre Nahrung verarbeitet. Iguanodon, ein »Maulkauer«, riß mit seinen besonders geformten Kiefervorderenden Pflanzenteile ab. Er zerkleinerte sie durch mahlende Bewegungen der Kiefern, die mit nebeneinanderliegenden Zahnreihen besetzt waren.

Die Ornithischier Stegosaurus, Orodromeus und Ankylosaurus bevorzugten wahrscheinlich nährstoffreiche Kost. Sie hatten eine Vorliebe für Früchte oder junge Triebe von Pflanzen. Ihr schmales und spitzes, schnabelförmiges Kiefervorderende war bestens zum Aufpicken und Aufnehmen von Früchten, Knollen oder Austrieben geeignet.

Die Nahrungsmenge, die einige Pflanzenfresser vertilgten, muß beträchtlich gewesen sein. Verglichen mit den Elefanten, den größten heute noch lebenden Pflanzenfressern, mußten die gigantischen Dinosaurier unvorstellbare Mengen pflanzlicher Nahrung verschlungen haben. Für Mamenchisaurus, dessen Lebendgewicht etwa dem von sechs ausgewachsenen Elefanten entsprach, hat man eine Tagesration von 18 Tonnen vegetarischer Nahrung errechnet. Das ist jedoch sicher zuviel, denn vermutlich hätte das Tier gar nicht soviel Futter täglich verschlingen können.

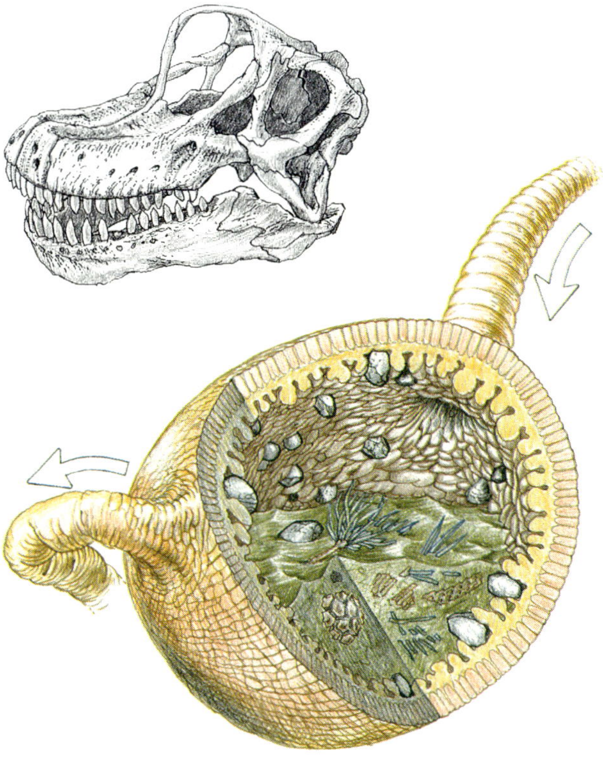

**Einige pflanzenfressende Sauropoden, wie Apatosaurus, konnten mit ihren stumpfen Zähnen die Nahrung nur abreißen. Zerkleinert wurde sie erst im Magen mit Hilfe von Magensteinen.**

Der Raubsaurier Velociraptor besaß mit seinen großen Krallen eine besonders gefährliche Waffe.

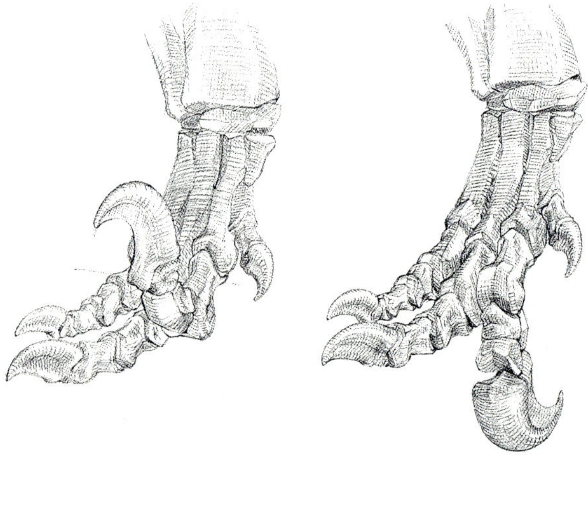

Hier sieht man, wie gut Velociraptor seine Krallen bewegen konnte.

**Die fleischfressenden Dinosaurier, wie Allosaurus, besaßen ein kräftiges Gebiß. Mit ihren scharfkantigen Zähnen zerrissen sie die Nahrung.**

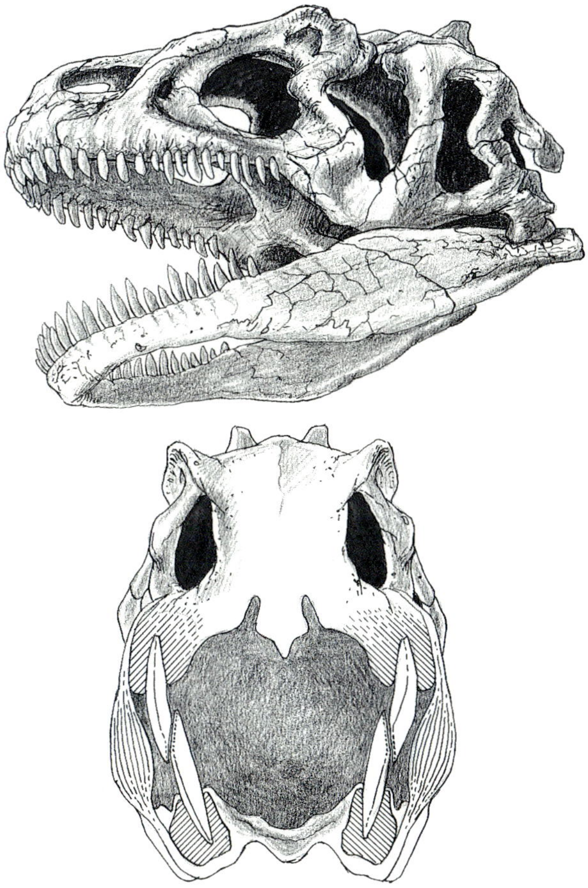

Die fleischfressenden Dinosaurier waren wesentlich seltener als die Pflanzenfresser. Fleischfresser regulieren den Bestand der Pflanzenfresser, die als Herdentiere immer in der Überzahl sind. Wenn das Zahlenverhältnis umgekehrt gewesen wäre, würde den Fleischfressern bald das Futter ausgegangen sein.

Am Gebiß kann man sofort feststellen, wie sich ein Dinosaurier ernährt hat. Fleischfresser hatten ein kräftiges Gebiß. Dolchartige Zähne und messerscharfe Klauen zusammen mit Greifhänden oder muskulösen Beinen und guten Augen sind Kennzeichen der Beutejäger.

Bevorzugte Jagdreviere von Räubern wie Tyrannosaurus, Allosaurus, Velociraptor und Deinonychus waren die Wassertränken. Das verraten die zahlreichen, in der Nähe von ehemaligen Wasserstellen gefundenen Trittsiegel von Dinosauriern. Fleischfresser lauerten dort den durstigen Pflanzenfressern auf.

Velociraptor war ein angriffsstarker Räuber. Mit 70 Kilogramm Körpergewicht bei nur drei Metern Länge war er außerordentlich gewandt und schnell. Hatte er ein Beutetier gestellt, griff er es mit seinem furchtbaren Gebiß an und tötete es. Im Kampf schlug er seine langen, kräftigen Sichelkrallen in den ungeschützten Bauch des Tieres. Nachdem Velociraptor seine Beute getötet hatte, riß er mit den Zähnen ganze Körperteile von seinem Opfer ab und verschlang sie.

Unter den räuberischen Dinosauriern gab es auch Eierfresser (Oviraptor). Sie hatten sich auf die Eigelege der Hadrosaurier spezialisiert. Um die dicken Eierschalen zu knacken, benutzten die Tiere ihre kräftigen Kiefern sowie die Krallen an Händen und Füßen. In der Nähe eines Protoceratops-Nestes in der Wüste Gobi fanden Paläontologen den plattgedrückten Schädel eines Oviraptors. Vermutlich ist der Räuber auf frischer Tat ertappt und von einem wütenden Protoceratops-Elterntier gestellt und zertrampelt worden.

# Warm- oder Kaltblüter

**Ein im Mikroskop vergrößerter Querschnitt durch den Knochen eines Dinosauriers (links) und eines heutigen Reptils (rechts). Der Dinosaurier-Knochen ist, wie der Knochen eines Warmblüters, von einem dichten Netz von Blutgefäßöffnungen durchzogen.**

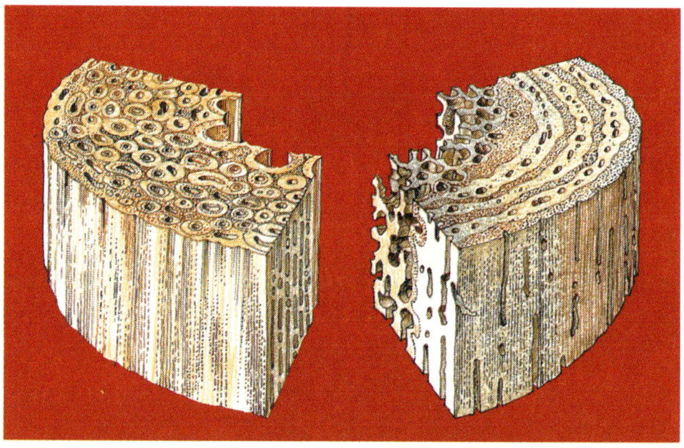

Die unterschiedlichen Ansichten, ob die Dinosaurier warmblütig oder kaltblütig (wechselwarm) waren, sind so alt wie die Entdeckung der Urtiere selbst. Zuerst nahmen die Wissenschaftler an, daß die Saurier, wie ihre Ahnen, die Thecodontier, Kaltblüter waren. Je mehr man aber über die Lebensweise der Saurier erfuhr, desto mehr setzte sich die Meinung durch, daß die Riesenechsen wohl warmblütig gewesen sein müssen. Dafür spricht eine Reihe von Beobachtungen.

Kaltblüter, wie zum Beispiel Schildkröten, Krokodile und Echsen, sind in ihrer Bewegungsaktivität abhängig von Außenfaktoren, zum Beispiel von der Sonnenwärme. Ist es warm, gehen sie auf Jagd, sind aktiv. Wird es kalt, tritt eine Körperstarre ein. Warmblütige Tiere wie Vögel und Säugetiere haben einen eigenen, von der Umwelt unabhängigen Energie- und Stoffwechselhaushalt. Sie können zu jeder Jahreszeit und bei jedem Klima aktiv sein. Dinosaurier mußten aber, um ihren Nahrungsbedarf zu befriedigen, über längere Zeit gejagt oder Pflanzen abgeweidet haben.

Warmblüter benötigen im allgemeinen große Nahrungsmengen, um ihren Energiehaushalt aufrechtzuerhalten. Beispielsweise muß ein Löwe jeden Monat soviel Nahrung zu sich nehmen, wie es seinem eigenen Gewicht entspricht. Ein großes, wechselwarmes Reptil gleicher Größe kommt mit dieser Nahrungsmenge etwa zehnmal so lange aus. In einer aus wechselwarmen Tieren bestehenden Fauna führt der geringere Energiebedarf der Tiere dazu, daß etwa 33 Prozent fleischfressende Tiere etwa 66 Prozent Pflanzenfressern gegenüberstehen. Die Wissenschaftler haben inzwischen festgestellt, daß aufgrund fossiler Befunde das prozentuale Verhältnis zwischen räuberischen und Beutetieren während der Zeit der Dinosaurier etwa jenem einer warmblütigen Saurierfauna entspricht. Hier jagen 3 Prozent Raubtiere etwa 97 Prozent Beutetiere.

Auch die Knochenstruktur der Dinosaurier ähnelt in vielem der von großen Säugetieren. Es gibt beispielsweise kaum Unterschiede zwischen dem Knochen eines Rindes und dem eines pflanzenfressenden Riesendinosauriers (Sauropoden). Beide Knochen zeichnen sich durch ein dichtes Netzwerk von Blutgefäßen aus. Ein solches dichtes Netzwerk von Blutgefäßen in Knochen findet sich vor allem bei schnell wachsenden Tieren. Und Knochen wachsen nur schnell, wenn Tiere über eine hohe Körpertemperatur verfügen, also Warmblüter sind.

Da die warmblütigen Vögel als direkte Nachkommen der Saurier angesehen werden, folgert man auch daraus, daß die Saurier ebenfalls warmblütig waren.

Außerdem hatten die Dinosaurier, ähnlich wie Säuger und Vögel, die Gliedmaßen unter den Körper gebracht und bewegten nicht, wie die kaltblütigen Echsen, den Körper durch Schubkraft über dem Boden.

Für die Warmblütigkeit der Dinosaurier spricht auch ein Saurierfund in Australien. Hypsilophodon (Zahn mit Erhöhungen), der vor rund 106 Millionen Jahren in Australien lebte, war in der Lage, sich dem kalten, winterlichen Wetter anzupassen. Australien, das damals nahe dem Südpol lag,

**Der Buntwaran zeigt die typische Körperhaltung eines Reptils: Die Beine stehen seitlich vom Körper ab, der Bauch erhebt sich dicht über dem Boden.**

**Die Stellung der Beine unterscheidet Dinosaurier von anderen Reptilien. Die Beine der meisten Reptilien stehen seitlich vom Körper ab, Dinosaurier-Beine stehen direkt unter dem Körper.**

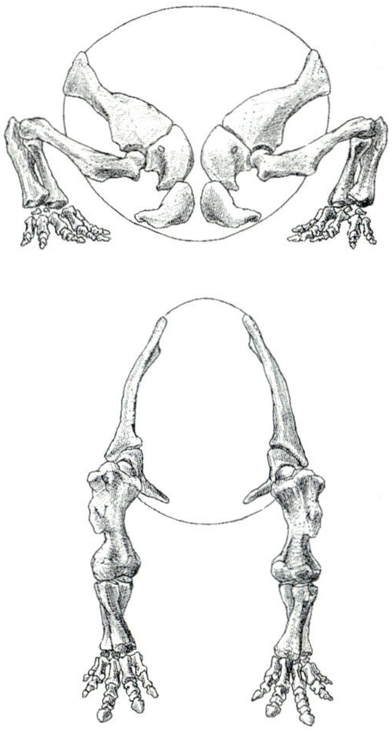

hatte ein anderes Klima als heute. Zwar waren die Sommer warm, die Winter jedoch kalt: es gab Frost und Schnee. Der australische Hypsilophodontier, klein und schnell wie eine Gazelle, ist mit diesen Temperaturschwankungen gut zurechtgekommen. Das kann ihm nur gelungen sein, wenn er entweder während der kalten Zeit Winterschlaf hielt oder, als Warmblüter, unabhängig von der Außentemperatur war. Daß er einen Winterschlaf hielt, wird wegen seines Körperbaus und seiner Ernährungsgewohnheiten ausgeschlossen. Es gibt jedoch auch eine Reihe von Gegenargumenten.

Die Diskussion, ob »Dinos« nun warm- oder kaltblütig waren, ist in der Wissenschaft noch nicht beendet. Gegenwärtig läßt sich feststellen: Dinosaurier waren Warmblüter in dem Sinne, daß ihre Körpertemperatur auf gleichbleibendem Niveau gehalten wurde. Die durchschnittliche Körpertemperatur des Menschen beträgt 37 °C, und beim Vogel Strauß liegt dieser Wert bei 39,5 °C. Die großen Dinosaurier konnten wegen des günstigen Verhältnisses zwischen ihrer Körperoberfläche und ihrem Körpergewicht die Körpertemperatur leichter gleichbleibend halten. Denn mit zunehmender Körpergröße wird die Oberfläche im Vergleich zum Volumen kleiner. Damit verringert sich der Temperaturaustausch zwischen Körper und Umwelt. Es wird also weniger Wärme abgegeben, und deshalb bleibt die Körpertemperatur eher gleich. Dies ist auch eine mögliche Antwort darauf, warum die Saurier im Laufe ihrer Entwicklung immer größer wurden. Sie benötigten den Riesenwuchs, um ihre hohe Körpertemperatur aufrecht zu halten.

# Schnell oder langsam?

Zwei Dinosaurierfährten, gefunden in Texas, zeigen einen dramatischen Kampf auf Leben oder Tod. Zu sehen sind Riesen-Fußabdrücke eines Apatosaurus, daneben kleinere, dreizehige Abdrücke eines zweibeinig laufenden Sauriers, vermutlich eines Allosaurus. Die Abdrücke sind so ausgeprägt und wirken gut 70 Millionen Jahre später noch so frisch, daß die Paläontologen aus den Spuren herauslesen, daß Allosaurus einem Apatosaurus nachstellte. Ob er ihn auch wirklich zu fassen bekam, ist aus der leider nur kurzen Fährtenfolge, die sich in dem ehemals feuchten, feinkörnigen Sandstein abgeprägt hat, nicht mehr zu ermitteln.

**Ein Allosaurus verfolgte einen Apatosaurus. Von diesem Geschehen blieben Fußabdrücke im weichen Gestein erhalten.**

Saurierfährten wurden inzwischen fast überall auf der Welt gefunden. Die größten Fährten, Abdrücke von Hinterfüßen mit 1,30 Meter Durchmesser, sind in Spanien zu bewundern. Die meisten fossilen Fährten fanden sich im Peace River Canyon (USA): Nicht weniger als 1700 Fußabdrücke von mindestens zehn verschiedenen Saurierarten sind hier in Stein erhalten.

Anhand der Fußspuren und der fossilen Funde von Gliedmaßenknochen lassen sich viele verblüffende Erkenntnisse über das Leben der Saurier gewinnen.

Die Fährtenforschung ist so wichtig geworden, daß sich ein eigener Wissenschaftszweig, die Ichnologie (Fährtenkunde), herausgebildet hat. Ichnologie leitet sich aus dem Griechischen ichnos = Spur ab.

Bei den Fährten werden auch die Umrisse von Krallen und die Hand- und Fußballen untersucht, sowie das Muster von Schuppen auf Hand und Fuß entdeckt. Die Fußspuren verraten, wie schwer das Tier war, ob es schwerfällig dahinschritt oder ein schneller Läufer war.

Die Spuren schwerer Tiere sind tiefer als die von leicht gebauten. Schwerfällig laufende Dinosaurier hinterlassen breite Fährten mit kurzer Schrittlänge. Eine schmale Spur mit großer Schrittlänge ist kennzeichnend für behende Läufer. Aus den Fährten läßt sich auch herauslesen, ob das Tier auf zwei oder vier Beinen lief. Zweibeiner, das verraten die Schrittmuster, setzen normalerweise abwechselnd den linken und den rechten Fuß vor; selten stehen beide Fußabdrücke nebeneinander. Eine tiefe, fortlaufende Furche zwischen den Trittspuren deutet darauf hin, daß der Dinosaurier seinen Schwanz hinter sich herschleifte. Die Fährten großer Tiere findet man häufiger, weil deren Abdrücke tiefer und weniger vergänglich sind.

Fährten zeigen auch an, daß bestimmte Arten von Sauriern, wie etwa die Hadrosaurier und Tri-

**Triceratops zog in Herden umher. Die Jungtiere fanden in deren Mitte Schutz.**

ceratops, soziale Tiere waren, die zusammen in Gruppen oder Herden lebten. Beweis dafür sind parallel verlaufende Fährten, die eine gemeinsame Richtung haben. Die Anordnung der Fährten läßt erkennen, daß die großen Tiere die kleinen beschützten.

Auch über die Geschwindigkeit, mit der sich die Dinosaurier bewegten, geben die Abdrücke Auskunft. Aus dem Trittmuster und dem Abstand zwischen den einzelnen Fußabdrücken läßt sich die Laufgeschwindigkeit berechnen. Das Verfahren ist kompliziert. Vereinfacht läßt sich sagen: Die relative Schrittweite, das ist der Abstand aufeinanderfolgender Abdrücke desselben Fußes, geteilt durch die Hüfthöhe des Tieres gibt den Anhaltspunkt für die Laufgeschwindigkeit der Saurier. Schätzungen ergeben, daß ein etwa mittelgroßer fleischfressender Dinosaurier in der Stunde 16,5 Kilometer zurücklegen konnte. Andere Raubdinosaurier schafften nur 6 bis 8,5 km.

Ein pflanzenfressender »Dino«, der seine Nahrung nicht jagen mußte, lief gemächliche sechs Kilometer in der Stunde.

Die Fußspuren kleinerer Saurier beweisen, daß diese Tiere rannten. Die höchste Geschwindigkeit eines 0,5 Tonnen schweren Zweifüßers betrug 43 Kilometer in der Stunde. Das Tier muß demnach zwölf Meter pro Sekunde zurückgelegt haben und war damit schneller als der Sprintweltmeister Carl Lewis, der es auf 11,2 Meter pro Sekunde brachte. Ein Rennpferd schafft bis zu 15 bis 17 Meter pro Sekunde.

Apatosaurus legte in der gleichen Zeit sieben Meter zurück. In einer Stunde schaffte er eine Entfernung von 25 Kilometern. Der etwas unbeweglichere und größere Diplodocus war wohl langsamer.

Hätten wir damals gelebt, hätten wir sicherlich mit einem großen Raubsaurier oder einem Sauropoden Schritt halten können.

**Fußabdrücke von Dilophosaurus. Dieser zweibeinige, räuberisch lebende Dinosaurier lebte vor 190 Millionen Jahren im heutigen Nordamerika. Er wog etwa 2 Tonnen und war 7 Meter groß.**

**Ein ähnliches Geschehen ist im Gestein im westfälischen Barkhausen überliefert. Die elefantenartigen Trittsiegel eines Sauropoden werden von Fährten des dreizehigen Fleischfressers Megalosaurus begleitet.**

# Dinosaurier-Eier

**Dieses Hypselosaurus-Ei ist ungefähr 66 Millionen Jahre alt. Gefunden wurde es bei Aix-en-Provence in Südfrankreich.**

Selbst die Riesendinosaurier waren einmal ganz klein und als Baby vermutlich recht niedlich, nachdem sie sich aus dem Ei herausgeschält hatten. Obwohl verschiedene Dinosaurier-Eier gefunden wurden, wissen wir nicht, ob sich alle Dinosaurier eierlegend fortpflanzten. Mehrere Funde von Dinosaurier-Nestern und -Gelegen geben Aufschlüsse über das Brutverhalten einiger Arten.

1978 wurde in Montana (USA) eine große Maiasaurier-Kolonie in ihrem Brutrevier mit zahlreichen gut erhaltenen Einzelnestern, Eiern und Jungtieren entdeckt.

128 Jahre vorher, im Jahre 1850, waren in der Provence (Frankreich) in der Nähe des Dörfchens Fuveau Gelege mit Dinosaurier-Eiern gefunden worden, ohne daß die Finder die Bedeutung ihrer Entdeckung erkannt hatten. Erst später konnten Wissenschaftler das Gelege dem Apatosaurier Hypselosaurus (Hochrückenechse) zuordnen. Die handballgroßen Eier sind etwa 30 Zentimeter lang und haben einen Durchmesser von ungefähr 25 Zentimetern. Jedes Ei hat ein Volumen von rund 3,5 Litern. Die Hypselosaurus-Mutter, die diese schön geformten Eier legte, war etwa zwölf Meter lang. Die Gelege befanden sich bevorzugt in der Nähe von Flußufern. Entdeckt wurde auch ein Nest, in dem die Skelette von 15 kleinen Saurierjungen lagen. Vermutlich warteten die Jungtiere auf die nahrungsholende Mutter. Doch das Warten war vergeblich; denn das Muttertier war unweit des Nestes verendet, und die Dinosaurier-Babys mußten verhungern.

Alle bislang gemachten Eierfunde lassen den Schluß zu, daß die Dinosaurier nicht wie die Säugetiere lebende Junge zur Welt brachten, sondern Eier legten. Doch die Sauriermütter haben nicht, wie Vögel, die Eier selbst ausgebrütet. Vermutlich wären diese unter der Tonnenlast der Muttertiere zerplatzt. Das Ausbrüten überließen die Saurier der wärmenden Sonne, die den Sand zur richtigen Bruttemperatur aufheizte. Die Maiasaurier mit dem passenden Namen »Gute-Mutter-Echse« deckten das Gelege zusätzlich mit Blättern und Pflanzen ab. Durch die Sonneneinstrahlung und die Gärungswärme bei der Verrottung des Pflanzenmaterials wurden die Eier ausgebrütet. Noch ungeklärt ist, wie die Dinosaurier-Weibchen Eier legten. Sicherlich nicht aus ihrer Standhöhe von zwei oder drei Metern, denn dann wären die Eier beim Aufprall auf dem Boden zerbrochen.

Die Anordnung der Dinosaurier-Nester und die Art der Eiablage geben Hinweise darauf, wie und ob sich die Elterntiere um ihren Nachwuchs nach dem Schlüpfen gekümmert haben.

Die in Montana gefundenen Nester von Maiasauriern – sie gehören zu den Entenschnabeldinosauriern – sind so angelegt, daß ein ausgewachsenes Tier Platz hatte, zwischen den Nestern umherzulaufen. Die Nester liegen etwa sieben Meter voneinander entfernt. Das bedeutet, daß die Elterntiere nach dem Schlüpfen der Jungtiere zu ihrem Nest gehen konnten, um ihren Nachwuchs regelmäßig mit Futter zu versorgen. Denn die jun-

**Diese Dinosaurier-Eier aus der Provence wurden mit dem Rasterelektronenmikroskop in 80- und 195facher Vergrößerung aufgenommen. Sie zeigen die mit Kalkkegeln ausgekleideten Innenseiten der Schalen. Die Spitzen der Kalkkegel fehlen. Dies beweist, daß ein kleiner Saurier aus diesem Ei geschlüpft sein muß. Er hat den Kalk, den er für den Aufbau seines Skeletts benötigte, aus den Kegelspitzen entnommen.**

gen Maiasaurier waren nach dem Schlüpfen aus dem Ei hilflos. Während einige erwachsene Tiere auf Futtersuche gingen, bewachten die in der Nistkolonie zurückgebliebenen Alttiere Eier und Junge. Deren Überleben hing von der Fürsorge der Eltern ab. Die jungen Tiere verließen ihre Nester erst dann, wenn sie groß und kräftig genug waren, um sich auf eigenen Beinen fortzubewegen. Die frischgeschlüpften Dinosaurier-Babys lagen in einem Bodennest aus Lehm und waren am ersten Tag ihres Lebens etwa 30 Zentimeter groß. Innerhalb weniger Wochen brachten sie es aber bereits auf eine Größe von einem Meter. Dann konnten sie ihr rundes, mit Pflanzenmaterial ausgepolstertes Nest verlassen und für sich selbst sorgen.

Ganz anders ging es in der Kinderstube des Dinosauriers Orodromeus (Bergläufer) zu. Er gehört zu den Hypselosauriern (Hochrückenechsen). Ihre Nester, ebenfalls in Montana gefunden, waren nur jeweils etwa zwei Meter voneinander entfernt. Die kleinen Orodromeus-Dinosaurier verließen ihr Nest sofort, nachdem sie aus dem Ei geschlüpft waren; sie waren, so wie die heutigen Jungen des Vogel Strauß, Nestflüchter. Hierauf deuten die gut erhaltenen Eierschalen in den Nestern hin, die bei längerem Aufenthalt der Jungtiere zerstört worden wären. Wegen der dicht beieinanderliegenden Nester nimmt man auch an, daß die Muttertiere nach der Eiablage nicht mehr zum Nest zurückkehrten.

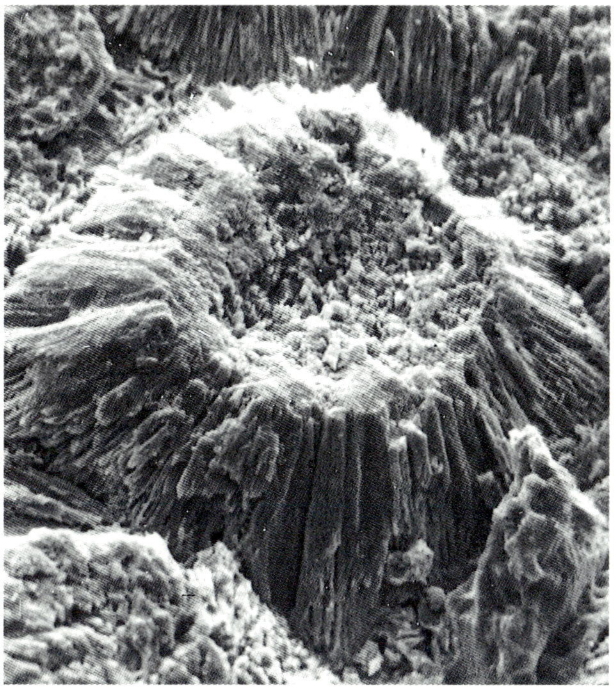

1983 wurden in Montana vollständig erhaltene Orodromeus-Eier gefunden. Die Untersuchung führte zu einem sensationellen Ergebnis: In den fossilen Eiern lagen die fast schon zu Jungtieren herangewachsenen Embryonen, die sich kurz vor dem Schlüpfen befanden. Die vollständige Verknöcherung der Skelette der Embryonen lassen den Schluß zu, daß das Tier sofort nach dem Schlüpfen selbständig war.

Vergleicht man die Größe eines Huhnes mit der eines Hadrosauriers und betrachtet dann deren Eier, so fällt auf, daß die Saurierier ziemlich klein waren. Das hatte seinen Grund. Bei sehr großen Eiern hätte die Schale aus Stabilitätsgründen so dick sein müssen, daß die Jungen aus eigener Kraft die Eierschale nicht hätten aufsprengen können. Außerdem wäre die Sauerstoffversorgung, die für das Wachsen des Embryos wichtig ist, durch eine solch dicke Schale erschwert worden.

**Mit seinen kräftigen Kiefern knackte der Eierfresser Oviraptor auch dicke Eischalen.**

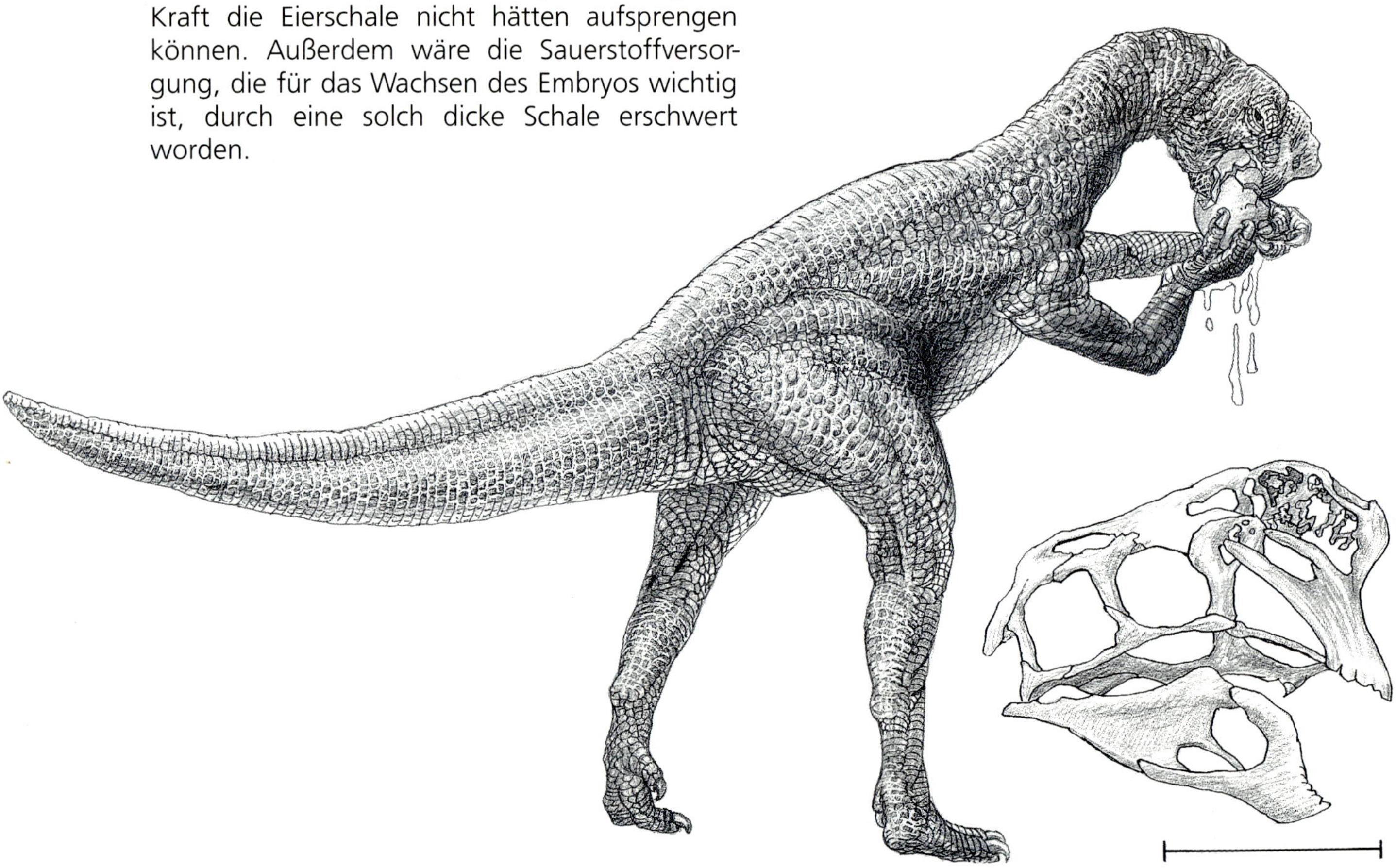

# Seltsamer Kopfschmuck

Einige Dinosaurier trugen sonderbare Hörner, Kämme, Höcker, Wülste, Sporen, Brauenhörner oder gigantische Nackenschilde. Bislang gibt es noch keine endgültigen und befriedigenden Antworten auf die Frage, welchen Nutzen diese Skelett-Sonderbildungen hatten.

Am auffälligsten sind die Köpfe der Hadrosaurier geformt. Parasaurolophus zum Beispiel schmückte sich mit einem langen, dünnen, nach hinten gerichteten knöchernen Horn. Mit diesem hornähnlichen Gebilde, das bis zu 1,60 Meter lang war, gab das Tier vermutlich trompetenartige Töne von sich. Um das zu beweisen, hat ein Wissenschaftler ein naturgetreues Modell des Schädels von Parasaurolophus mit dem Hornfortsatz nachgebaut; und tatsächlich ließ sich mit dem konstruierten Horn ein tiefer, trompetenartiger Ton erzeugen. Saurolophus, so wird vermutet, gab durch aufblasbare Hautlappen, die sich in den Öffnungen des Schädels vor den Augen befanden, akustische Signale von sich.

Die Kämme und Hautlappen der Hadrosaurier dienten zur Lauterzeugung, zur Geschlechtserkennung, zur Abwehr von Feinden oder hatten eine Funktion beim Kampf rivalisierender Männchen. Wahrscheinlich war der Kopfschmuck auch ein Signal- und Rangordnungszeichen, ähnlich wie die Geweihe der Hirsche, denn trotz der verschiedenartig geformten Schädel hatten alle Hadrosaurier den gleichen Körperbau.

Die langschnauzigen Dinosaurier verfügten alle über ein gutes Riechvermögen. Diesen Schluß zogen die Wissenschaftler aus Vergleichen mit heutigen Tieren. Denn viele Tiere mit langer Schnauze, wie zum Beispiel Hund und Pferd, haben ein außergewöhnlich gutes Riechvermögen.

Die Ceratopier (Horndinosaurier) fallen durch ihre Vielfalt von Horn- und Nackenschildern auf. Sie besaßen große, massive Knochenschilder, die vom Schädelhinterrand über den Nacken bis hinter die Schulter reichten. Durch die riesigen Halskrausen und die spitzen Hörner auf dem Schädel sahen die Tiere massig und gefährlich aus. Triceratops (Dreihorngesicht) hatte die mächtigsten Hörner, die bis zu 90 Zentimeter lang wurden. Der schwere Schädel mit dem riesigen Nackenschild macht etwa ein Drittel der Länge des Tieres aus.

**Parasaurolophus (oben) und Lambeosaurus (unten) haben bizarr geformte Schädel. Parasaurolophus erzeugte mit seinem Kamm vermutlich hupenartige Töne. Der Querschnitt zeigt, daß er vier Kammern besaß. Auch Lambeosaurus soll mit seinem helmartigen Auswuchs Töne erzeugt haben.**

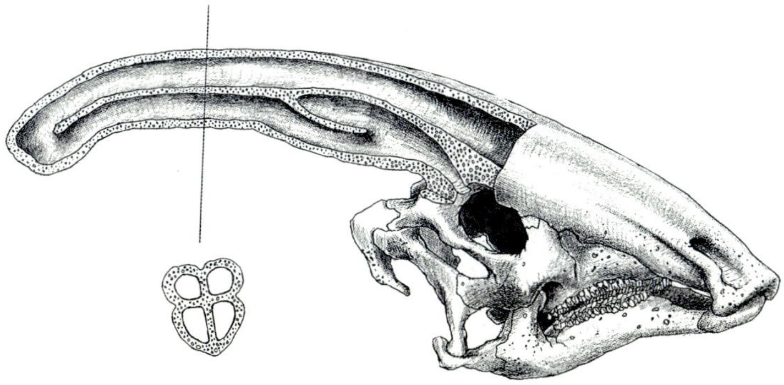

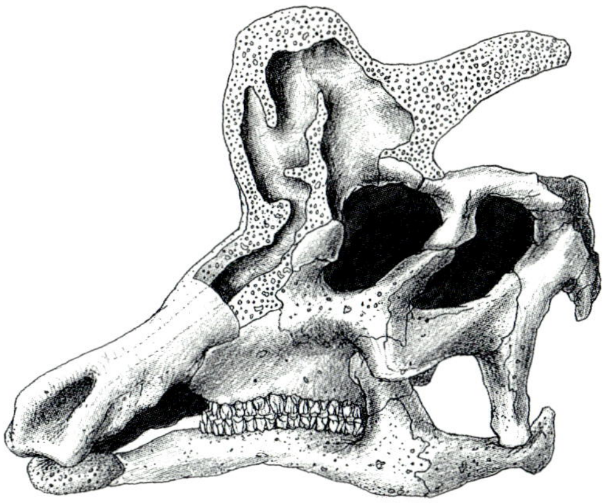

Centrosaurus (Mittelspitzenechse) hatte ein nach vorne gebogenes Nasenhorn. Am Ende seines Nackenschildes saßen viele kurze Stacheln. Zwei längere Stacheln waren schützend nach vorne über die mit Haut bedeckten Öffnungen im Nackenschild gebogen.

Sechs lange Stacheln an der Hinterkante des Nackenschildes trug Styracosaurus (Dornechse). Einige kürzere Stacheln an der Seite des Schildes und ein massives Horn auf der Nase waren sicherlich eine wirkungsvolle Waffe gegen Angreifer.

Der lange, breite Nackenschild von Chasmosaurus (Kluftechse), der den halben Rücken bedeckte, war ein auffälliges Imponierorgan. Das Nackenschild war zweigeteilt und der Knochenrahmen mit Haut überzogen. Diese Konstruktion war leichter, als wenn der ganze Nackenschild aus Knochen bestanden hätte.

Nackenschilde, Halskrausen und Hörner hatten unterschiedliche Funktionen. Der Kragen hinter dem Schädel bot zusätzlich Ansatzstellen für die riesigen Kiefermuskeln dieser pflanzenfressenden Horndinosaurier. Mit den langen, spitzen Hörnern verteidigten sich die Horndinosaurier gut gegen räuberische Dinosaurier.

**Über die Hautfarbe der Dinosaurier lassen sich nur Vermutungen anstellen. Vielleicht huschte der fleischfressende Coelophysis mit einer leopardenähnlich gefleckten Haut durch den Wald.**

# Knochenpanzer und Lederhaut

Welche Farbe oder welches Farbmuster hatte die Haut der Dinosaurier? War sie einheitlich grau, braun oder gar so bunt gefärbt wie bei vielen unserer heutigen Reptilien? Wir wissen darüber fast nichts, weil Farbpigmente fossil nicht erhalten blieben. Allerdings gibt es einige wenige Anhaltspunkte für das Aussehen und die Struktur der Außenhaut von Dinosauriern: Versteinerte Hautabdrücke zeigen, daß diese aus Schuppen bestand und damit heutiger Reptilienhaut sehr ähnlich war. Von Ankylosaurus (versteifte Echse) weiß man, daß er einen Panzer aus kleinen, dicken, ovalförmigen Knochenplatten besaß. Auf den Knochenplatten saßen runde Dornen, die außerdem von Hornschuppen überzogen waren.

Die Haut der Sauropoden dagegen war ziemlich glatt. Sie bestand zwar auch aus Schuppen, die aber nicht verknöchert waren. Die dicht beieinander- und übereinanderliegenden Schuppen waren beweglich in der Haut verankert. Je kleiner die Schuppen, desto größer war die Beweglichkeit der Haut.

Inzwischen gibt es Vermutungen, daß die Saurier nicht nur im »Einheitsgrau« oder »-braun« herumliefen. Vielleicht waren sie viel farbenprächtiger als wir bislang annahmen. Der schnelle Jäger Deinonychus war vielleicht ähnlich gefleckt wie ein Leopard.

Falls Farben Signalfunktion hatten, können die Saurier auch gestreift, gescheckt oder metallfarben gewesen sein. Tyrannosaurus hatte vielleicht einen roten Streifen auf dem Kopf, während sein Körper zur Tarnung grün-braun-grau gefärbt war, um bei der Jagd nicht aufzufallen.

**Möglicherweise stellte Tyrannosaurus mit einem leuchtend rot gefärbten Kopf seinen Opfern nach.**

# Detektivarbeit der Paläontologen

Auf dem großen Arbeitstisch des Paläontologen liegt ein verstaubter, unansehnlicher, mit Nummern versehener Knochenberg und wartet darauf, daß der Präparator in zeitraubender Kleinarbeit aus dem Knochenpuzzle das Skelett oder Skeletteile eines Sauriers zusammensetzt. Zusammen mit Grabungstechnikern und Hilfskräften hat der Paläontologe zuvor die fossilen Knochen aus den Gesteinsschichten geborgen.

**Vorhergehende Seiten: Techniker montieren das Skelett eines Allosaurus. Dieser Dinosaurier wird in laufender Körperstellung im Naturhistorischen Museum in New York zu besichtigen sein.**

**Ein Ausgrabungs-Team bei der Grabung nach Plateosauriern in Trossingen im Jahr 1932. Die Männer gipsen einen Knochen für den Transport ein.**

**Funde werden zum Transport in Kisten verpackt.**

Großangelegte Grabungsexpeditionen, wie zum Beispiel in der Mongolei, in Tansania (Tendaguru), Colorado, Montana oder in Trossingen, wurden genauestens vorbereitet und durchgeführt. Dabei ist es egal, ob die Fossilfundstellen zufällig beim Bau von Auto- und Eisenbahntrassen, bei Arbeiten in Bergwerken und Steinbrüchen oder durch gezieltes Suchen entdeckt werden. Ehe mit dem Graben begonnen wird, werden die Fundorte kartographisch vermessen. Der Fundplatz wird dann in Planquadrate eingeteilt, in denen die Fundstücke eingezeichnet werden. Liegen die fossilen Saurierknochen in weichen Gesteinsschichten, geht die Arbeit mit Schaufel und Pickel zügig voran. Sind die Skelette und Skeletteile in harten Gesteinsschichten eingebacken, dann wartet schwere Arbeit auf das Ausgrabungsteam. Auf den Grabungsstellen im Staat Victoria in Australien und Bernissart (Belgien) waren Bergbau-Erfahrungen notwendig, um an die Fossilien zu gelangen. Raupenfahrzeuge, Preßluftbohrer und Sandstrahlgebläse sowie Schaufeln und Hacken zählen heute zu den Ausrüstungsgegenständen der Grabungsexpeditionen.

Nach dem Abräumen des über den fossilführenden Schichten lagernden Gesteins beginnt die harte und dennoch viel Geschick erfordernde Arbeit der Forscher vor Ort. Oft sind die Skeletteile der Saurier meterweit verstreut. Zusammenhängende, vollständige Skelette werden nur ganz selten gefunden, da nach dem Tod der Tiere durch Wasserbewegungen, Gesteinsdruck, Verwerfungen und Verwesungs- oder Fäulnisprozesse des Kadavers das Skelett in Einzelknochen zerlegt, verlagert oder zerbrochen wird. Die einzelnen Funde und ihr genauer kartographischer Fundort werden numeriert und in die Planquadrate eingetragen. Die Himmelsrichtung, in die vor allem die Langknochen zeigen, wird vermerkt. Die Lage des Skeletts verrät nämlich manchmal, wie das Tier umkam oder in die Gesteinsschicht eingebettet wurde.

Vor Ort klären die Wissenschaftler auch, ob sie Knochen von einem Tier oder zusammengespülte Knochenansammlungen gleicher oder unterschiedlicher Arten vor sich haben. Im Zeitalter der Polaroidkamera ersetzen die Sofortbilder der Funde oft das mühselige Abzeichnen der Fossilien in ihren Fundsituationen. Zu Zeiten der Forscherpioniere Edward Drinker Cope und Othniel C.

**Ein Barosaurus-Skelett soll im Naturhistorischen Museum in New York aufgestellt werden. Dazu wird von jedem Knochen ein Duplikat aus Kunststoff angefertigt.**

**Anschließend werden die Knochen-Abgüsse auf ein Stahlgerüst montiert. Barosaurus wurde bis zu 27 m lang.**

Marsh, die 1877 die sensationellen Saurierfunde im Wilden Westen der USA machten, wurden die Funde noch an Ort und Stelle gezeichnet.

Das weiche Gestein, das über dem Fossil lagert, wird mit einem Spachtel abgetragen. Wenn es hart ist, müssen die Schichten mit Hammer und Meißel bis knapp über die Knochenoberfläche entfernt werden. Kleine Fossilien werden mit feinen Meißeln, Graviernadeln, Pinseln und Bürsten aus dem Gestein herausgelöst. Abdrücke und Hohlformen werden mit Gips, Kunstharz oder Kunststoff ausgegossen.

Die Bergung großer Fossilstücke, zum Beispiel eines mehrere hundert Kilo schweren Oberschenkelknochens von Apatosaurus, erfordert mehrere Arbeitsgänge: Zuerst wird der Knochen soweit wie möglich aus dem Gestein herausgemeißelt. Um das Zerbrechen des meterlangen Knochens zu verhindern, bleibt unter ihm ein Gesteinssockel stehen. Der Knochen wird dann mit der Gesteinsunterlage durch in Gips getauchte Bandagen oder Kunstharz-Hartschaum ummantelt. Danach wird der so mit dem Gesteinssockel »einbandagierte« Knochen abgehoben und ins Labor transportiert.

Da die meisten Fundstellen von den Untersuchungslabors weit entfernt in unwegbarem Gelände liegen, müssen die Fossilien für den Transport gut gesichert werden. Heute werden die Fossilien meist mit Montageschaum umhüllt und in Transportkisten verpackt. Früher ist es schon mal vorgekommen, daß schlecht verpackte Fossilien zerbrachen oder zerbröselten, nicht mehr zusammengesetzt werden konnten und damit wertlos waren.

Außer fossilen Knochen sind aber auch die in der Nähe der Funde liegenden Gesteinsschichten von Bedeutung. Werden diese aufgelöst, finden sich in ihnen nach dem Sieben oft winzige Zahn- oder Knochenbruchstücke sowie mikroskopisch kleine fossile Pollenkörner und Sporen, die etwas über die Flora und somit das Klima der damaligen Zeit aussagen.

Grabungskampagnen dauern oft Monate, manchmal Jahre. Die heute bekannten Fundstellen sind weitgehend erforscht und ausgebeutet. Dennoch gibt es immer wieder Überraschungsfunde, wie zum Beispiel in Australien oder in der Antarktis.

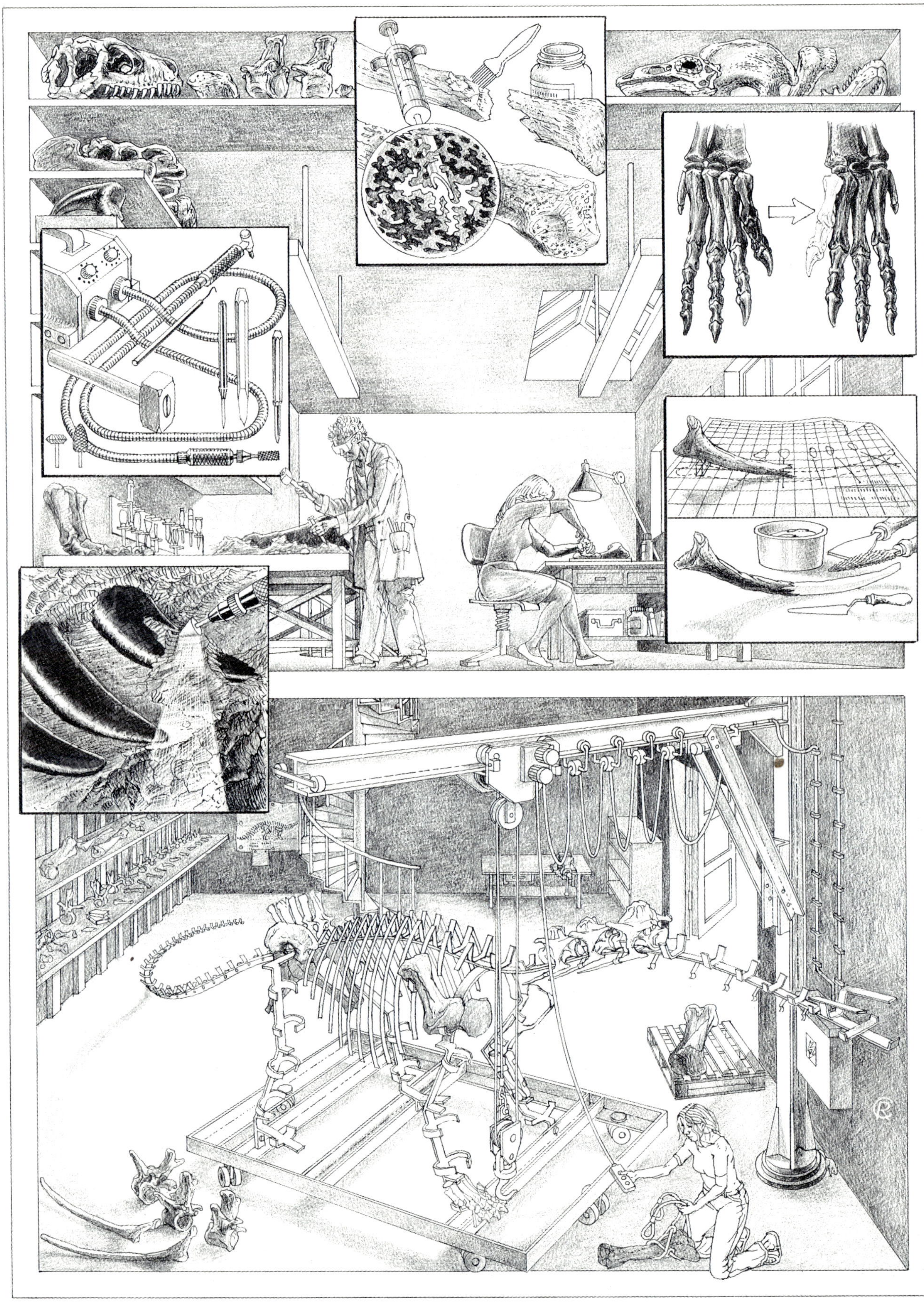

**Die Arbeiten in Labor und Werkstatt sind vielfältig. Die Wissenschaftler und Präparatoren befreien die Knochen mit Spezialwerkzeugen vom Gestein, rekonstruieren fehlende Knochenteile und Knochen und montieren schließlich das Skelett.**

Der eigentlichen Grabung, der »Wissenschaft des Spatens«, folgt die Präparation, die »Wissenschaft mit Hilfe von Mikroskop und Röntgengerät«. Es ist wie bei der Kriminalistik. Die Spuren werden von Ausgrabungsspezialisten gesichert und dann von Fachleuten in Labors und Werkstätten ausgewertet, beschrieben und erläutert. Nur werden in der Paläontologie beide Tätigkeiten meist auch vom selben Forscher ausgeführt.

Die Feinarbeit in den Labors und Werkstätten der naturwissenschaftlichen Institute und Museen, die Dinosaurier rekonstruieren, dauert Monate, meist Jahre.

Mit Wasser, das manchmal auch mit Chemikalien versetzt ist, wird das Fossil vom umgebenden Restgestein gereinigt. Wenn das Fossil sich nicht vom Gestein löst, wird mit Graviernadeln, Zahntechnikerbohrern, Schleifgeräten, Pinseln und Ultraschallbohrern gearbeitet. Der Blick durch das Binokularmikroskop (ein Mikroskop, durch das man mit beiden Augen gleichzeitig schauen kann) ermöglicht Feinstarbeit auch beim Zusammensetzen oder der Rekonstruktion kleinster Skeletteile.

Danach werden die Fossilien konserviert, zum Beispiel mit Lacken oder Imprägnierungsmitteln. Andernfalls würden manche Fossilien im Laufe der Zeit zerfallen.

Nun beginnt das Zusammenfügen des Skeletts. Das »Dino«-Puzzle startet mit der Frage: Wohin gehört welcher Knochen? Schädel, Rippen, Wirbel, Brustbein, Schulter- und Beckengürtelknochen, Oberschenkelknochen, Finger- und Zehenknochen müssen zu einem kompletten Skelett zusammengesetzt werden. Bei Plateosaurus muß der Forscher nicht weniger als 360 Knochen einander richtig zuordnen und zusammensetzen. Fehlende oder zerstörte Knochenteile werden heute aus Kunststoff – früher aus Gips – nachgebildet. Die drei Zeichnungen zeigen, wie ein Edmontosaurus rekonstruiert wird.

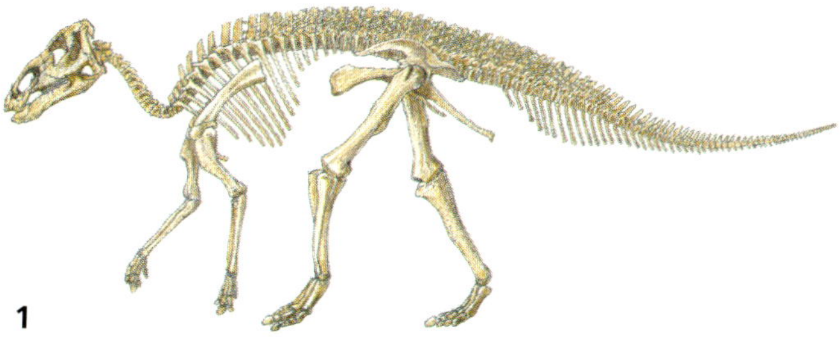
1

2

3

**1. Die äußere Form von Edmontosaurus soll rekonstruiert werden. Zuerst wird das Skelett zusammengesetzt. Dieses liefert entscheidende Informationen für die weitere Rekonstruktion. Form und Bau der Oberarm- und Oberschenkelknochen lassen auf die Art der Fortbewegung schließen. Größe und Anordnung von Öffnungen im Schädel geben Hinweise auf die Größe der Augen, der Nasenlöcher, des Gehirns und der Kiefermuskeln.**
**2. Danach werden die Muskeln des Dinosauriers rekonstruiert. Sie waren an den Knochen befestigt und haben dort Erhebungen und Vertiefungen hinterlassen. Daraus kann man die Größe der Muskeln und ihren Verlauf ableiten.**
**3. Hautstruktur und Farbe bestimmt man zum Schluß. Da die Hautfarbe fossil nicht überliefert ist, kann man über sie nur Vermutungen anstellen. Die Wissenschaftler orientieren sich an den nächsten noch lebenden Verwandten der Dinosaurier.**

Früher nahm man fälschlicherweise an, große Sauropoden wie Brachiosaurus hätten vor allem im Wasser gelebt, um ihr gewaltiges Gewicht durch den Auftrieb des Wassers zu verringern. Der große Druck des Wassers hätte aber die inneren Organe der Tiere geschädigt.

**Wenn Elefanten ausgestorben wären, besäßen wir nur ihre Knochen als Anhaltspunkte für ihr Aussehen. Wahrscheinlich würden wir sie dann etwa so, wie auf dieser Zeichnung dargestellt rekonstruieren, denn die Weichteile der Ohren und des Rüssels sind fossil nicht erhalten geblieben. Genauso ist der umgekehrte Fall denkbar: Vielleicht hatte Diplodocus einen Rüssel besessen?**

Präparator und Wissenschaftler arbeiten bei der Montage eines Dinosaurier-Skelettes Hand in Hand. Der Präparator hat heute in der Regel eine drei- bis vierjährige Ausbildung, bei der er alle präparationstechnischen Arbeiten kennenlernt: Von der Ausgrabungsarbeit und dem Registrieren der Funde über Präparationstechniken, Skelettmontage, Schweißen und Holzbearbeitung bis zur Ausstellungstechnik.

Das Montieren der oft tonnenschweren Saurierknochen auf die tragenden Metallgerüste verlangt großes technisches Geschick. Die Metallkonstruktionen sollen gleichzeitig unauffällig sein, aber auch das gewaltige Tonnengewicht der Saurierskelette sicher tragen können.

Bei der Modellierung von Dinosauriern werden auch Fehler gemacht. Nach seiner Entdeckung durch Gideon Mantell wurde Iguanodon als ein Dinosaurier mit einem Horn auf der Nase abgebildet. Inzwischen weiß man, daß das vermeintliche Nasenhorn die große, kräftig gebogene Daumenkralle von Iguanodon ist.

Als falsch hat sich auch das angeblich älteste Ei eines Dinosauriers entpuppt, das 1990 in New Mexico gefunden worden war. Bei dem spektakulären Fund handelt es sich, wie wissenschaftliche Nachforschungen ergaben, nur um den zusammengeballten Mageninhalt eines heutigen Wiederkäuers, vermutlich einer Kuh.

Mit der Rekonstruktion des Dinosauriers ist die Arbeit der modernen Paläontologie noch nicht beendet. In Zusammenarbeit mit Geologen, Klimatologen und Paläobotanikern wollen die Wissenschaftler die früheren Lebensbedingungen der Dinosaurier erforschen. Damit beschäftigt sich ein eigener Wissenschaftszweig, die Palökologie, welche die Beziehungen zwischen Tieren untereinander und zu ihrer Umwelt in früheren Zeiten erforscht.

Überraschungen und Fehldeutungen über das Aussehen und Leben der Dinosaurier sind auch heute nicht ausgeschlossen. Neue fossile Funde von Dinosaurier-Knochen, neue wissenschaftliche Methoden der Präparation und ungewöhnliche Deutungen werden uns auch in Zukunft aufregende Neuigkeiten vom Leben der Dinosaurier vermitteln.

# Das große Sterben

Wochen vor dem Zusammenstoß leuchtete der Schweif des herannahenden Kometen hell am Nachthimmel. Einige Stunden vor dem Einschlag auf die Erde war er gut sichtbar. 30 Sekunden vor dem Einschlag: Der Komet steht riesig groß und drohend am Firmament. Noch 2 Sekunden: er rast mit Flammenschweif durch die unteren Luftschichten. Dann der Aufprall.

Einige Tierarten überlebten das große Aussterben am Ende der Kreidezeit. Dazu gehörten auch die Schildkröten. Diese Abbildung zeigt eine Galapagos-Riesenschildkröte.

Ein gewaltiger Feuerball, eine riesige Wolke aus pulverisiertem Gestein steigt kilometerhoch in die Erdatmosphäre. Der Feuerball verbreitet sich und rast als Feuersturm über die Ebene. Die Erde bebt noch in einigen tausend Kilometern Entfernung von der Absturzstelle. Die Luftdruckwelle zerreißt alles Lebendige. Der Feuersturm verwandelt in kürzester Zeit Wälder zu Asche. Wasserdampf steigt in Pilzform zum Himmel. Durch den Einschlag entstandene Sturmfluten überschwemmen die Küstengebiete.

So hätte ein Augenzeuge vielleicht die Katastrophe des Zusammenstoßes zwischen Erde und Himmelskörper beschrieben. In einem solchen Einschlag und seinen vermuteten Folgen sehen einige Wissenschaftler die Ursache für das Aussterben der Dinosaurier. Etwa 160 Millionen Jahre lang lebten die Dinosaurier auf der Erde. Dann, vor etwa 65 Millionen Jahren, verschwanden sie. Das war mehr als 60 Millionen Jahre bevor der Mensch die Erde betrat, denn erste menschenartige Wesen gibt es erst seit rund 3 Millionen Jahren. Homo erectus, der erste aufrechtgehende Mensch, lebte vor 1,6 Millionen Jahren.

In erdgeschichtlichen Dimensionen gesehen, starben die Dinosaurier plötzlich aus, doch haben geologische Untersuchungen ergeben, daß ihr Verschwinden von der Erdoberfläche mehrere hunderttausend Jahre dauerte. Die Befürworter des plötzlichen Aussterbens vermuten, daß eine riesige Katastrophe die Dinosaurier so direkt betroffen hatte, daß sie innerhalb kürzester Zeit von der Erde verschwanden. Neben den Sauriern starben aber auch andere Lebewesen wie Meeresreptilien, Flugsaurier oder die mit den Tintenfischen verwandten Ammoniten (Ammonshörner).

Von den nächsten Verwandten der Dinosaurier überlebten als einzige Gruppe die Krokodile das große Aussterben an der Wende von der Kreidezeit zum Tertiär. Es überlebten auch Brückenechsen, Echsen und Schlangen sowie die Schildkröten. Warum verschiedene Tierarten ausstarben, andere aber überlebten, ist nach wie vor ein ungelöstes Rätsel. Wissenschaftler, die nicht der

Katastrophentheorie des Aussterbens anhängen, haben festgestellt, daß sich das Aussterben der Dinosaurier über einen längeren Zeitraum hinzog. Schätzungen reichen von mehreren hunderttausend Jahren bis zu drei Millionen Jahren für einzelne Arten. Aber selbst das Verschwinden einer Dinosaurier-Art innerhalb von zweihundert- bis dreihunderttausend oder von einer Million Jahren ist dann als recht schnell zu bezeichnen, setzt man die Dauer des Aussterbens in Bezug zur Gesamtlebenszeit der Dinosaurier von immerhin etwa 160 Millionen Jahren.

Das Verschwinden der Dinosaurier hat die Phantasie der Menschen immer wieder angeregt. Mehr als 80 Theorien und Hypothesen wurden aufgestellt, um das Verschwinden der Dinosaurier zu erklären. Keine davon ist jedoch so überzeugend, daß sie von allen Wissenschaftlern als die richtige anerkannt wird. In diesem Kapitel werden einige der bekanntesten dieser Theorien vorgestellt.

Es ist unbestritten, daß die Ursachen des Sauriersterbens etwas mit der Veränderung der Umwelt, der Verteilung von Land und Meer, der Veränderung des Klimas und der sich daraus ergebenden Folgen zu tun hat. Klimaänderungen gab es in der Geschichte der Erde mehrfach. Über lange Zeit in der Erdgeschichte war das Klima wärmer als heute, es gab keinen Winter, und die Pole hatten keine Eiskappen.

So wird man wohl annehmen müssen, daß die Umweltveränderungen, durch was auch immer ausgelöst, und die hohe Spezialisierung der Dinosaurier in der Ernährung, der Lebensweise und ihrem Körperbau zum Aussterben führten oder es mit verursachten.

## Zu schwerfällig und ungeschickt

Lange Zeit herrschte die Meinung vor, die Dinosaurier seien an ihrem eigenen Gigantismus zugrunde gegangen. Viele Dinosaurier-Arten hatten sich in der langen Zeit ihrer Geschichte zu Riesenformen entwickelt. Die Tiere waren dabei so groß und schwerfällig geworden, daß sie auf Veränderungen ihrer Umwelt nicht mehr reagieren konnten. Sie waren nicht mehr anpassungsfähig, ihre Entwicklungsmöglichkeiten waren erschöpft. Daß diese Ansicht über den Untergang der Saurier wenig überzeugend ist, zeigt schon die Existenz von körperlich kleinen und wendigen Dinosauriern, die dann hätten überleben müssen. Doch auch sie sind am Ende der Kreidezeit ausgestorben.

## Vergiftung durch Pflanzen

Sehr viele Saurier waren reine Vegetarier. Über Jahrtausende hinweg hatten sich bei bestimmten Dinosauriern körperliche Anpassungen herausgebildet, die es ihnen ermöglichten, genau die richtige Pflanzenart abzuweiden und zu verdauen. Die Evolution der Blütenpflanzen seit Beginn der Oberkreide verdrängte die bislang vorherrschenden Pflanzen. Viele Dinosaurier, so die Vermutung, konnten die neuen Blütenpflanzen nicht richtig verdauen. Möglicherweise enthielten die sich neu entwickelnden Pflanzen auch Giftstoffe, so daß die Saurier an ihrer Nahrung zugrunde gingen.

# Der Tod kam vom Himmel

Geologische Befunde in Gesteinen aus der Kreide-Tertiär-Wende vor 65 Millionen Jahren lassen vermuten, daß der gigantische Einschlag eines Himmelskörpers auf die Erde schlagartig das Aussterben der Dinosaurier verursacht hat. Die Einschlagstelle eines solchen Asteroiden (kleiner Planet bis 800 Kilometer Durchmesser), der wohl mit Tausenden von Stundenkilometern Geschwindigkeit auf die Erde aufgeschlagen ist, soll sich vor der Halbinsel Yukatan im Golf von Mexiko befinden. Die Kraterreste haben einen Durchmesser von 180 Kilometern, was der Entfernung zwischen Frankfurt und Stuttgart entspricht.

Als Beweis für den Meteoriteneinschlag gilt der Fund von glashaltigem Gestein in der Höhe des vermuteten Aufschlagortes. Das glashaltige Gestein findet sich genau in jener Grenzschicht, die die Ablagerungen der Kreide und des Tertiärs trennt. Die Glaskügelchen aus geschmolzenem Gestein sollen infolge der gewaltigen Hitze beim Einschlag des Himmelskörpers entstanden sein.

Der Milliarden Tonnen schwere Meteorit hat beim Einschlag auf die Erde einen Krater von mehreren Kilometern Tiefe hinterlassen. Die Wucht eines solchen Treffers entspricht der Energie von 1000 Milliarden Tonnen des herkömmlichen Sprengstoffes Dynamit, einem Mehrmillionenfachen der Vernichtungskraft der Atombombe von Hiroshima.

Die riesige Staubwolke, die der Aufprall des Meteoriten verursacht hatte, verfinsterte den Himmel über Jahre. Die Folgen dieser jahrelangen Verdunkelung waren für Pflanzen und Tiere verheerend. Den meisten Pflanzen auf dem Festland und den Algen im Meer fehlte zum Leben das Sonnenlicht, sie starben deshalb ab. Damit war auch die Nahrungs- und Lebensgrundlage für die meisten Tiere vernichtet. Die beutejagenden Dinosaurier, die sich auf pflanzenfressende Dinosaurier spezialisiert hatten, blieben dann ebenfalls ohne Nahrung und verhungerten.

Daß Himmelskörper gelegentlich die Erde treffen, ist nicht ungewöhnlich. Bis heute wurden 131 Einschlagkrater in Asien, Australien, Europa und Nordamerika nachgewiesen.

**Dieser Meteoritenkrater mit einem Durchmesser von 1,2 km liegt in Arizona (USA). Er wurde von einem 150 000 t schweren und 30 m großen Meteoriten verursacht und ist einer der besterhaltenen Krater der Erde. Man nimmt an, daß der Meteorit, der das Dinosaurier-Sterben verursacht haben soll, viel größer war: Er soll einen Durchmesser von 10 km besessen haben.**

# Vulkanausbrüche veränderten das Klima

Das plötzliche Aussterben der Dinosaurier wird auch mit gewaltigen Vulkanausbrüchen vor 65 Millionen Jahren in Zusammenhang gebracht. Gleich an mehreren Stellen der Erde soll in dieser Zeit glühend heißes Magma aus dem Erdmantel und der Erdkruste herausgeschleudert worden sein. Bei den gewaltigen Vulkanausbrüchen schossen Gas, Asche, Wasserdampf, Staub und Gestein hunderte von Kilometern hoch in den Himmel, der sich verfinsterte. Jahrelang gab es keinen richtigen Sommer mehr auf der Erde. Pflanzen und Tiere waren ohne Sonnenlicht und somit dem Tode geweiht. Dieser Theorie widersprechen jedoch Fossilbefunde: Viele Pflanzen und Tiere überlebten die vulkanischen Katastrophen.

Daß lokale Vulkanausbrüche Veränderungen im Klima verursachen, ist bewiesen. Im Jahr 1982 hatten Wissenschaftler erstmals auf Satellitenfotos beobachtet, wie sich nach dem Ausbruch eines Vulkans eine Staubwolke mit einer Geschwindigkeit von 70 Kilometern pro Stunde ausbreitete. Nach drei Wochen hatte sich ein Staubschleier um den ganzen Erdball gelegt. Dieser Dunst kann das Erdklima beeinflussen. Nach der Explosion der Vulkaninsel Krakatau im Jahr 1883 auf dem Malaiischen Archipel sank die mittlere Jahrestemperatur der Erde etwa um ein halbes Grad. Vor allem die Sommer wurden kühler.

Als im Mai 1980 der Mount St. Helens im amerikanischen Bundesstaat Washington explodierte, mußten die Autofahrer im 140 Kilometer entfernten Yakima mittags die Scheinwerfer ihrer Autos einschalten, um sich auf der Straße orientieren zu können.

Wenn es stimmt, daß vor 65 Millionen Jahren nicht nur ein einzelner Vulkan explodierte, sondern auf einer Länge von 1700 Kilometern ganze Ausbruchserien die Erde erschütterten, dann könnte dies durchaus ein Artensterben eingeleitet haben.

**Der Ausbruch des Mount St. Helens zerstörte diesen Wald. Eine gewaltige Glutaschenwolke ließ eine Druckwelle entstehen, die mit einer Windgeschwindigkeit von 300 km/h über den Wald hinwegfegte.**

**Der Mount St. Helens brach 1980 aus. Die Rauchwolke zeigt, daß der Vulkan auch heute noch aktiv ist.**

# Diebe raubten die Dinosaurier-Eier – Streß erzeugte kranke Eier

Im Zeitalter der Dinosaurier lebten bereits Säugetiere: kleine, wahrscheinlich nächtlich aktive Tiere. Einige von ihnen fraßen mit Vorliebe Dinosaurier-Eier. Das üppige Nahrungsangebot ließ die kleinen Säugetiere immer zahlreicher werden. Die Gefahr, daß die Dinosaurier-Jungen bereits vor dem Schlüpfen mit dem Ei vernichtet wurden, wuchs beträchtlich. Die Dinosaurier sind, so diese Theorie, ausgestorben, weil es ihnen an Nachwuchs fehlte.

Untersuchungen von Dinosaurier-Eiern ergaben, daß manche Eierschalen zu dick waren (mehrere Schichten waren übereinander gelagert), andere Eier hingegen eine viel zu dünne Schale hatten. Waren die Schalen zu dick, erstickte der kleine embryonale Saurier im Ei, noch ehe er das Licht der Welt erblickte. Waren die Eierschalen zu dünn, zerbrachen die Eier frühzeitig, so daß der kleine Saurier vertrocknete.

Ursache für die Mißbildung der Eier sind, wie Untersuchungen an heute lebenden Vögeln und Hühnern in Käfighaltung ergeben haben, hormonelle Störungen. Diese werden durch Streß ausgelöst, den die Tiere erleiden, wenn sie auf zu engem Raum leben müssen. Zunächst fanden die Dinosaurier in einem bestimmten Gebiet beste Lebensbedingungen vor. Sie vermehrten sich deshalb zahlreich. Für die nun wachsende Zahl der Tiere wurde der Lebensraum dann jedoch zu klein. Die Saurier reagierten auf diese veränderten Lebensbedingungen mit Streß, also mit Hormonstörungen, was zu den mißgebildeten Eiern und somit schließlich zum Aussterben führte.

**Nicht nur Säugetiere, sondern auch eierfressende Artgenossen wie Struthiomimus bedeuteten eine Gefahr für Dinosaurier-Gelege. Trug die Vernichtung der Eier zum Verschwinden der Dinosaurier bei?**

# Das Klima änderte sich

Während die Dinosaurier lebten, änderte sich das Klima auf den Kontinenten, weil die Kontinente auseinanderdrifteten und sich auf der Erdkugel so verschoben, daß Land- und Wassermassen andere Positionen zur wärmespendenden Sonne einnahmen. Am Ende der Kreidezeit bewegten sich die Kontinente aus tropischen Lagen in kältere nördlichere und südlichere Breiten. Die Verschiebungen bewirkten, daß es spürbare Temperaturunterschiede während des Jahres gab. Es entstanden die Jahreszeiten: Der Sommer wurde kühler und feuchter, der Winter kalt. Pflanzen, die den Sauriern als Nahrung dienten, verschwanden aufgrund der veränderten Temperaturverhältnisse. Und weil die pflanzenfressenden Saurier wegen des Nahrungsmangels zahlenmäßig abnahmen, fanden jetzt auch die fleischfressenden Saurier nicht mehr genügend Beute. Die Folge war, daß auch sie langsam aber sicher zum Aussterben verurteilt waren.

**Artentod**

Das Aussterben ganzer Tier- und Pflanzenfamilien ist nichts Ungewöhnliches: Schon vor Jahrmillionen gab es immer wieder Massensterben von Tierarten und ganzen Tiergruppen. Wissenschaftler vermuten, daß die Gesamtzahl aller Tier- und Pflanzenarten, die jeweils auf der Erde gelebt haben, bei etwa 500 Millionen liegt. Gegenwärtig gibt es auf der Erde etwa 2 bis 3 Millionen Pflanzen- und Tierarten.

Vor etwa 550 Millionen Jahren, am Ende des Kambriums, so wird vermutet, fand das erste große Massensterben statt. Ein weiterer großer Niedergang des Tier- und Pflanzenlebens liegt etwa 360 Millionen Jahre zurück. Doch die beiden ersten Massensterben sind unbedeutend im Vergleich mit dem Untergang eines großen Teils der Tier- und Pflanzenwelt am Ende des Perms, vor etwa 250 Millionen Jahren. Mindestens die Hälfte aller größeren Tiergruppen mit bis zu 95 Prozent der Arten ist damals in kurzer Zeit von der Erdoberfläche verschwunden. Es war das größte Artensterben in der Erdgeschichte. Im Meer starben zum Beispiel zahlreiche Korallenarten oder die Trilobiten (Dreilappkrebse), auf dem Land verschwanden verschiedene Insektengruppen und zahlreiche Gruppen von Reptilien. Weitere Massensterben gab es auch am Ende der Trias (vor etwa 200 Millionen Jahren) und in der Kreide (vor 65 Millionen Jahren), als die bis dahin herrschenden Dinosaurier ausstarben.

Manche Wissenschaftler halten es für möglich, daß das Aussterben vielleicht auch eine Gesetzmäßigkeit darstellt. In bestimmten, wiederkehrenden Zeitabschnitten, etwa alle 26 bis 30 Millionen Jahre, soll sich ein solches Massensterben, verursacht durch außerirdische Vorgänge im Planetensystem, ereignet haben. Doch gibt es dafür keine erdgeschichtlichen Beweise.

Große Massensterben eröffnen schlagartig neue ökologische Räume, in denen sich neues Leben entfalten kann. Die Säugetiere, zu Zeiten der Dinosaurier kaum mehr als katzengroß, waren mit nur wenigen Arten vertreten. Doch nach dem Verschwinden der Dinosaurier haben sie die freigewordenen Lebensräume genutzt. Was auf den ersten Blick als Katastrophe erscheint, ist vielleicht ein entscheidender Schritt für die Weiterentwicklung der Arten gewesen.

Das Aussterben von Tieren und Pflanzen erfolgt aber nicht nur in bestimmten Zeitabständen. Auch heute sterben jährlich 4000 bis 6000 Tier- und Pflanzenarten aus. Verantwortlich dafür ist vor allem der Mensch! Mit jeder Stunde verschwindet unwiederbringlich eine Tier- oder Pflanzenart von unserer Erde. Abgase und Umweltgifte in den Industrieländern und Eingriffe des Menschen in bislang naturbelassene Gebiete, wie zum Beispiel die Brandrodung der Amazonas-Urwälder, lassen unsere Welt immer artenärmer werden.

**Wurden die Dinosaurier Opfer eines kälteren Klimas, das ihre Lebensräume zerstörte?**

THE DINOSAUR POSTER BOOK
16 FANTASTIC FULL-COLOR POSTERS OF THE INCREDIBLE GIANTS OF A VANISHED WORLD
Bunter Kinder-Kosmos
kosmos
Saurier -
Tiere der Urzeit
PREHISTORIC MUSEUM
Plesiosaurus
CREATE A CREATURE FROM BEYOND THE BOUNDARIES OF TIME
SPINOSAURUS
WOODEN SKELETON KIT
HOLZBAUSATZ
WEICO

# Die Dinosaurier sind zurück

Die Dinosaurier sind ausgestorben, aber die »Dinos« feiern Auferstehung in Zeichentrickfilmen, Comicserien, Saurier-Shows, Bilderbüchern und Romanen. Es gibt sie als aufblasbare Schwimmer, Kuscheltiere und Spielzeugmonster. Sie räkeln sich auf Regenschirmen, Schulranzen, Tapeten und Bettwäsche oder laden als Schokoladenkekse zum Verzehr ein.

**Grimmig betrachtet dieser Triceratops die Besucher der Ausstellung »Die Dinosaurier sind zurück«, die in Straßburg gezeigt wurde.**

Nicht nur die Paläontologen sind mit der »Wiederbelebung« der Dinosaurier beschäftigt. Ganze Industriezweige, die Unterhaltungsbranche eingeschlossen, hat das Saurierfieber befallen. Neben Kunst, Kitsch und Kommerz gibt es eine ganze Reihe von vorbildlichen und informativen Saurierausstellungen, Saurierparks, Büchern und Filmen.

»Die Dinosaurier sind zurück« heißt eine spektakuläre Wanderausstellung, die von Amerika aus um die ganze Welt geht: Auf der Reise sind naturgetreu nachgebildete riesige Dinosaurier. Geburtsort der Tiere ist die »Saurier Manufacture Dinamation International« in Kalifornien. Künstler, Wissenschaftler, Ingenieure und Computerspezialisten haben mit Hilfe von Paläontologen Roboter-Saurier nachgebaut. Die Haut der Techno-Saurier ist aus Plastik und Latex. Die Knochen der modernen Urtiere bestehen aus Stahl und Aluminium. Die Bewegungsmechanik der Kolosse wird durch Computer gesteuert, die im Körperinneren von Tyrannosaurus und Brachiosaurus versteckt sind.

Über 350 verschiedene Roboter-Echsen hat die japanische Firma Kokoro hergestellt, die auch in Deutschland in einer Wanderausstellung zu sehen sind. Die Tiere stoßen kehlige Urlaute aus. Die Stimmen der Tiere basieren, ebenso wie ihre Augenfarben, auf reinen Vermutungen, denn niemand weiß wirklich, wie und welche Laute die Saurier von sich gaben, und niemand hat ihre Augenfarbe studieren können. Das tut der Faszination der Latexkolosse jedoch keinen Abbruch.

Nicht weniger gigantisch sind die Dinosaurier in den großen Saurierparks. Sie faszinieren durch ihre Detailtreue, kommen dafür aber ohne teuren Technikeinsatz aus.

In den Wäldern von Kleinwelka, in der Nähe des sächsischen Städtchens Bautzen, grast friedlich eine Herde von Plateosauriern. Sie gehören zum Inventar des Dinosaurier-Parks von Franz Gruß. 1978 begann er, selbstgebaute Plastiken von Dinosauriern herzustellen und in seinem Wiesen- und Waldgelände aufzustellen. Inzwischen hat er 70 Exemplare von Dinosauriern, wie Diplodocus, Triceratops, Scelidosaurus und andere »Dinos« geschaffen. Alle Saurier sind im Maßstab 1 : 1 sorgfältig und unter wissenschaftlicher Beratung aus Eisengeflecht und Beton nachgebaut. Zum Teil sind die Tiere in dieser Saurier-Welt bis zu 15 Meter hoch, wobei einzelne Exemplare 150 Tonnen wiegen.

Kleiner, aber nicht weniger liebevoll eingerichtet ist der Märchenpark im hessischen Merkenfritz. Hier stapfen ein halbes Dutzend Urviecher durch das »Tal der Saurier«. Die Dinosaurier-Modelle sind ebenfalls Marke Eigenbau, jedoch in verkleinertem Maßstab. Per Knopfdruck kann der Besucher den Tieren Urlaute entlocken, und einige Exemplare lassen sogar Rauch aus dem geöffneten Rachen aufsteigen, was allerdings ein lebender Dinosaurier niemals tun konnte.

Auf historischem Gelände entstand in Chorzow (Polen) der Park für Kultur. In einem rekultivierten ehemaligen Kohletagebau stehen heute Nachbildungen der Urtiere. Die 18 Rekonstruktionen sind aus Stahlnetzen gefertigt, über die eine Betonhaut gegossen wurde.

**In Carl Hagenbecks Tierpark in Hamburg gibt es auch diesen Iguanodon und andere Dinosaurier-Modelle zu sehen.**

Die Überreste »echter« Saurier kann man ebenfalls an vielen Orten der Welt bewundern. 350 Tonnen Fossilien wurden am Green River an der Staatsgrenze zwischen **Utah** und **Colorado** (USA) aus Jurasandsteinen ausgegraben. An dieser weltweit berühmtesten Fundstelle in den Vereinigten Staaten von Amerika wurde 1958 das »Dinosaur National Monument« errichtet. Die Fundstelle, an der die fossilen Riesenknochen der Dinos im Gestein liegen, wurde mit einer gewaltigen Glas- und Stahlkonstruktion überbaut. Die Besucher besichtigen hier die Originalknochen der Saurier im Gestein. Sie sehen aber auch, wie mühselig das Ausgraben, Bergen und Präparieren der Knochen ist. Auch heute werden hier noch ständig Fossilien ausgegraben.

Im Land der Superlative, Amerika, ist auch die größte Dinosaurier-Sammlung der Welt beheimatet. Im Amerikanischen Naturhistorischen Museum in **New York City** kann man Skelette und Schädel nordamerikanischer Dinosaurier, Hautabdrücke und fossile Eier besichtigen. In den weiten Hallen des Museums stehen vollständige Skelette von: Coelophysis, Struthiomimus, Albertosaurus, Allosaurus, Tyrannosaurus, Plateosaurus, Apatosaurus, Camptosaurus, Edmontosaurus, Lambeosaurus, Stegosaurus sowie einige Horndinosaurier und andere mehr.

Berühmt ist auch der »Dinosaur Provincial Park« in **Drumheller** in der kanadischen Provinz Alberta. In dieser größten prähistorischen Fundstätte der Welt wurden nicht weniger als 150 vollständig erhaltene Skelette von mehr als 30 Saurier-Arten gefunden. Der riesige urzeitliche Friedhof ist knapp 10 000 Hektar groß. In einem nahegelegenen Museum (Tyrell Museum of Palaeontology) sind die schönsten Fundstücke ausgestellt. Im Jahr 1911 hatte der Einwanderer Sam Drumheller hier mit dem Kohleabbau begonnen und dabei spektakuläre Versteinerungen zutage gefördert; unter anderem den 40 Kilogramm schweren Schädel eines Pachyrhinosauriers (Dicknasenechse) und das nahezu vollständige Skelett eines Tyrannosaurus.

Aber man muß gar nicht bis nach Nordamerika fliegen, um beeindruckende Dinosaurier-Bekanntschaften zu machen. Eine Reihe von Museen in Deutschland und in den europäischen Nachbarstaaten verfügt über einzigartige Ausstellungsstücke und interessante Dinosaurier-Abteilungen.

**Frankfurt am Main:** Im Forschungsinstitut und Naturkundemuseum Senckenberg ist eins der beiden in Europa ausgestellten vollständigen Skelette von Edmontosaurus zu besichtigen. Zu sehen sind weiter Skelettabgüsse von Diplodocus, Triceratops, Stegosaurus, Iguanodon und Tyrannosaurus.

**Stuttgart:** Im Staatlichen Museum für Naturkunde, Museum am Löwentor, gibt es einen großen Ausstellungsraum mit einer Gruppe von Trossinger Dinosauriern der Gattung Plateosaurus. Außerdem sind ein Plateosaurus-Skelett in Fundlage und ein kleiner, zweibeiniger Spring-Dinosaurier zu sehen.

**Berlin:** Im Naturkunde-Museum der Humboldt-Universität sind Skelette aus dem Oberjura Tansanias zu bestaunen. Gewaltig ist das größte montierte Dinosaurier-Skelett der Welt. Es ist 24 Meter lang und reicht mit 12,5 Meter Höhe bis dicht unter die Glaskuppel des Gebäudes.

**Tübingen:** Im Institut und Museum für Geologie und Paläontologie werden zwei Skelette von Plateosaurus und Teile eines Diplodocus gezeigt. Außerdem gibt es Schädelabgüsse von Tyrannosaurus und Iguanodon.

In den europäischen Nachbarstaaten gibt es ebenfalls beeindruckende Dinosaurier-Ausstellungen.

**Brüssel:** Im Königlichen Naturhistorischen Museum ist der Welt größte und beste Sammlung von Iguanodon-Skeletten, die alle aus der Fundstelle von Bernissart stammen, zu sehen.

**Paris:** Im Naturhistorischen Museum sind, neben Abgüssen von Allosaurus und Diplodocus aus Nordamerika, auch fossile Eier von Hypselosaurus und Protoceratops ausgestellt.

**St. Gallen:** Im Naturkundemuseum kann man das zweite der beiden einzigen Edmontosaurus-Skelette besichtigen, die in Europa ausgestellt sind.

**Plateosaurus-Skelette aus Trossingen werden im Museum am Löwentor in Stuttgart ausgestellt.**

## Museen

Museum für Naturkunde der
Humboldt-Universität
Invalidenstr. 43
0-1040 Berlin

Forschungsinstitut und Naturkundemuseum
Senckenberg
Senckenberganlage 25
6000 Frankfurt/M. 1

Westfälisches Museum für Naturkunde
Sentruper Str. 285
4400 Münster

Staatliches Museum für Naturkunde
Museum am Löwentor
Rosenstein 1
7000 Stuttgart 1

Heimatmuseum Trossingen
Marktplatz 6
7218 Trossingen

Institut und Museum für Geologie
und Paläontologie
Sigwartstr. 10
7400 Tübingen

Institut Royal des Sciences Naturelles
(Königliches Naturhistorisches Museum)
31, Rue Vautier
1040 Brüssel, Belgien

Tyrell Museum of Palaeontology
(Tyrell Museum der Paläontologie)
Drumheller
Alberta TOJ OYO, Kanada

American Museum of Natural History
(Amerikanisches Naturhistorisches Museum)
Central Park West
79th Street, New York, N. Y. 10024–5192, USA

Musée d'Histoire Naturelle
(Naturgeschichtliches Museum)
Jardin des Plantes/Eingang 57 und 8,
Rue de Buffon
75006 Paris, Frankreich

Naturmuseum
Museumsstr. 32
9000 St. Gallen, Schweiz

## Dinosaurier-Parks

BavariaFilmPark
Tönsholter Weg 13
4250 Bottrop-Kirchhellen

Carl Hagenbecks Tierpark
Gazellenkamp 138
2000 Hamburg 54

Dinosaurierpark von Franz Gruß
0-8601 Kleinwelka

Märchenland
Freizeitpark 1
6476 Hirzenhain-Merkenfritz

## Ausgrabungsstätten

Naturdenkmal Saurierfährten Münchehagen
3070 Nienburg-Münchehagen

Saurierfährten Barkhausen
4520 Melle-Barkhausen

Dinosaur Provincial Park
Drumheller
Alberta, Kanada

Dinosaur National Monument
Utah, USA

## Filme

Den ersten Dinosauriertrickfilm gab es bereits 1914 in den USA. Titel: »Gertie, the trained Dinosaur«.
In einem Land vor unserer Zeit (Zeichentrickfilm). Walt Disney 1989, CIC-Video.
Pernix – Einzelgänger auf zwei Beinen. Eine Dinosauriergeschichte (Zeichentrickfilm). Bayerischer Rundfunk, Abt. Fernsehen.
»Baby« – Das Geheimnis einer verlorenen Legende. US-Spielfilm von 1984. Der Film spielt mit der Legende, daß in unzugänglichen Urwäldern vorzeitliche Tiere überlebt haben könnten.
Dinosaurier. 4teilige Fernsehserie. BBC, London.

## Musik:

Musical: »Dinosaurs. A Mesozoic Musical«.
Schlager: »Die Dinosaurier werden immer trauriger, denn die Dinosaurier dürfen nicht an Bord.« Womit der Sänger Lonzo auf die Arche Noah anspielt, zu der angeblich die Dinosaurier keinen Zutritt hatten und deshalb während der großen biblischen Sintflut jämmerlich ertranken.

## Spiele:

Pronto-Bronto. Ein kooperatives Farbwürfelspiel, bei dem die Pflanzenfresser vor einem Tyrannosaurus geschützt werden müssen. Haba, 1990.
Dino – Eine Zeitreise in die Vergangenheit. Wer rettet die meisten Dinosaurier-Eier. Hexagames, 1989.
CD game »Magical Dinosaur Tour«. Bewegte Bilder mit einer Enzyklopädie ihrer Geschichte. Das Spiel enthält Bilder aus dem Leben der Dinos bis hin zu den Ursachen ihres Aussterbens.

## Bücher:

Benton, Michael: Die Entwicklung des Lebens auf der Erde, Heidelberg: Quelle und Meyer 1988.

Benton, Michael: Dinosaurier von A–Z. München: Ars edition 2. Aufl. 1990.

Czerkas, Sylvia J./Czerkas, Stephen A.: Dinosaurier. Augsburg: Weltbild Verlag 1991.

Dinosaurier. Aufstieg und Niedergang. Artenreichtum, Entwicklung, Lebensweise. Hildesheim: Gerstenberg 3. Aufl. 1991.

Parker, Steve: Dinosaurier und wie sie lebten. Nürnberg: Tessloff 1988.

Halstead. L. B.: Der Urzeit auf der Spur. Stuttgart: Franckh-Kosmos 2. Aufl. 1991.

Klepsch, Peter/Thiemeyer, Thomas: Das große Buch der Saurier. Dinosaurier und andere Tiere der Urzeit. Ravensburg: Otto Maier 5. Aufl. 1990.

Lambert, David: Alles über die Dinosaurier. Würzburg: Arena 1988.

Norman, David: Dinosaurier. München: Bertelsmann 1991.

Die Welt der Dinosaurier. Augsburg: Time-Life 6. Aufl. 1991.